Verena Mouly

Marketingstrategie und -analyse zur Einführung eines gentechnisch unveränderten Rapsöls in Frankreich

Das Speiseöl Rapso

IGEL Verlag

Mouly, Verena

Marketingstrategie und -analyse zur Einführung eines gentechnisch unveränderten Rapsöls in Frankreich

1. Auflage 2009 | ISBN: 978-3-86815-228-9

Die Deutsche Bibliothek verzeichnet diesen Titel in der Deutschen Nationalbibliografie.
Bibliografische Daten sind unter http://dnb.ddb.de verfügbar.

IGEL Verlag

Inhaltsverzeichnis

Abbildungsverzeichnis

Tabellenverzeichnis

1 Einleitung

Gentechnisch veränderte Lebensmittel polarisieren zurzeit in den meisten Ländern der Europäischen Union. Die Debatte zwischen Befürwortern des Anbaus von gentechnisch modifizierten Organismen und den Gegnern verläuft hitzig und sehr emotional. Ein Argument für den Anbau bzw. Import dieser Lebensmittel ist beispielsweise die Tatsache, dass bisher keine negativen Folgen eines Verzehrs festgestellt werden konnten und ein Boykott die Forschung zur Identifikation von Langzeitfolgen hemmen würde[1]. Diese Darstellung jedoch wird von der Gegenseite zum Anlass genommen, darauf hinzuweisen, dass genau dieser Tatbestand der unbekannten Langzeitfolgen gegen gentechnisch veränderte Lebensmittel spricht.

Wie sehr dieses Thema Europa bewegt, zeigt die rege Teilnahme an einer Anfang April 2006 veranstalteten Demonstration gegen Gentechnik in Lebensmitteln, an welcher Europäerinnen und Europäer aus 20 Ländern teilgenommen haben[2]. Des Weiteren läuft seit Mitte Mai 2005 eine von Greenpeace organisierte europaweite Petition für eine Kennzeichnung von gentechnisch veränderten tierischen Lebensmitteln, welche mehr als 177.000 Franzosen[3] und über 1.000.000 Europäer[4] zur Unterstützung bewegt hat. Laut Greenpeace sind 86 Prozent der Franzosen für ein gänzliches bzw. temporäres Verbot von Gentechnik in Nahrungsmitteln[5]. Eine steigende Anzahl an Fragen bezüglich Gentechnik in der Nahrung wird an eigens dafür eingerichtete Hotlines von Konsumenten in Österreich gestellt. Dies zeigt sehr deutlich, dass das Misstrauen der Bevölkerung gegenüber Lebensmitteln und im speziellen der Lebensmittelqualität steigt und die Verunsicherung größer wird.[6]

Das Fehlen einer einheitlichen, auf gesamt europäischem Gebiet vorhandenen Labels, welches dem Konsumenten Sicherheit geben würde, dass das Produkt auf keinem Fall mit Gentechnik in Berührung gekommen ist, vergrößert die Ungewissheit[7]. Um eine Sicherheit diesbezüglich zu erhalten, wären mehr als die Hälfte der Konsumenten bereit, mehr für gentechnikfreie Lebensmittel zu bezahlen[8]. Des Weiteren wirkt sich die Ent-

---

1 vgl. Hucho et al. (2005): 23.
2 vgl. Global2000 (2006).
3 vgl. Greenpeace (2007a).
4 vgl. Weingärtner (2007).
5 vgl. Greenpeace (2007a).
6 vgl. Hofer (2007).
7 vgl. Neubauer (2006): 15ff.
8 vgl. Bohacek (2005): 42.

scheidung der World Trade Organisation, dass gentechnisch veränderte Lebensmittel in die EU exportiert werden dürfen, negativ auf das Konsumentenvertrauen aus[9]. Aus diesem Grund werden in Frankreich die Bürger sogar von einer Organisation dazu aufgerufen, als „Gentechnik Detektive" zu fungieren und bewusst Information über gentechnisch veränderte Lebensmittel zu sammeln.[10] Das Ziel dieser Aktion ist es, die Transparenz für die Konsumenten zu verbessern.

Ferner nahm dieses Thema einen nicht zu vernachlässigenden Platz in diversen Diskursen einiger Kandidaten zum französischen Präsidentschaftsamt ein und stellte bei einem sogar einen essentiellen Punkt im Programm dar[11]. Dementsprechend rückt die Kontroverse des Pro und Kontra gentechnisch modifizierter Lebensmittel immer mehr ins Zentrum der Öffentlichkeit und beschäftigt somit einen kontinuierlich größer werdenden Teil der französischen Bevölkerung.

Die Positionierung von Produkten als garantiert gentechnikfrei bietet Konsumenten, welche gentechnisch veränderten Lebensmitteln kein Vertrauen entgegen bringen, die Möglichkeit, sich bewusst für jene Produkte zu entscheiden. Zusätzlich stellt der seit Jahren wachsende Markt für Bioprodukte[12] ein großes Potenzial für gentechnikfreie Produkte dar und wurde im Jahr 2005 mit einem Wert von 1,6 Milliarden Euro beziffert[13]. Dies kann damit begründet werden, dass die Angst vor Gentechnik selbst ein Grund für das starke Wachstum des Biosektors darstellt[14]. Vor diesem Hintergrund eröffnen sich für Unternehmen, welche sich der Herstellung von gentechnikfreien, qualitativ hochwertigen Lebensmitteln verschrieben haben, große Chancen auf dem europäischen sowie im Speziellen auf dem französischen Markt.

Aus der obigen Darstellung lassen sich folgende Forschungsfragen ableiten, welche im Rahmen dieser Studie behandelt werden:

- ➔ Stellt Frankreich einen attraktiven Markt für einen eventuellen Export von Rapso dar?
- ➔ Welches Marktpotential bietet sich für das Produkt Rapso auf dem Zielmarkt Frankreich?
- ➔ Soll ein Markteintritt mittels Export für Rapso erfolgen?

---

9 vgl. Moravec (2006).
10 vgl. Greenpeace (2007b).
11 vgl. Lemonde (2007b).
12 vgl. Agrisalon (2006).
13 vgl. Agence Bio (2005).
14 vgl. Presse (2007).

- ➔ Soll im Falle eines Markteintrittes mittels Export ein Zielsegment definiert werden?
- ➔ Wie muss die Marketingstrategie im Falle eines Markteintrittes mittels Export ausgestaltet werden um den größtmöglichen Verkaufserfolg zu erzielen?

Im Folgenden wird es darum gehen, eine Marketingstrategie für das gentechnikfrei hergestellte Rapsöl Rapso zu entwickeln, um eine erfolgreiche Markteinführung in den französischen Markt durchführen zu können. Zu diesem Zweck wird eine genaue Analyse der derzeitigen Marktgegebenheiten in Frankreich durchgeführt, um das Marktpotential für RAPSO zu bestimmen. Hierbei werden die notwendigen Daten über Frankreich anhand der Pest-Analyse aufbereitet und dargestellt. Anschließend werden der Markt für Öle und Fette in Frankreich analysiert und ein Zielsegment definiert. Nach einer Untersuchung des Marktsegmentes wird ein darauf abgestimmtes Marketingkonzept für den optimalen Exporterfolg präsentiert, welches Produktpolitik, Preispolitik, Distributionspolitik und Kommunikationspolitik umfassen wird.

Um eine gut fundierte Beantwortung der Forschungsfragen zu erreichen, wurde eine umfassende Literaturrecherche zur Thematik durchgeführt. Für jenen Teil der Studie, der sich mit der Unternehmensgruppe VOG befasst, werden Informationen aus der Broschüre, welche zum neunzigsten Gründungsjubiläum veröffentlicht wurde, sowie jenen, die auf der firmeneigenen Website publiziert sind, herangezogen.

2 Theoretische Fundierung des Analysedesigns

Im Kapitel 2 wird die theoretische Fundierung des Analysedesigns, welches in den folgenden Kapiteln zur Anwendung kommt, eingehend dargestellt. Zuerst werden die Vorgehensweise sowie die Kernfragen, die sich bei einer Markteinführung neuer Produkte stellen, behandelt und die notwendigen Schritte in der Entwicklung eines Marketingkonzeptes vorgestellt. Im Besonderen müssen die Fragen bezüglich des Timings, der geographischen Ausbreitung, der Zielkunden sowie der Art und Weise der Markteinführung festgelegt werden.

In Punkt 2.1 werden die einflussreichsten äußeren Kräfte, die auf Unternehmen einwirken und dementsprechend die Unternehmens- und Marketingstrategie beeinflussen beschrieben. Es werden sowohl die demographischen, volkswirtschaftlichen, natürlichen, technologischen, politischen und kulturellen Rahmenbedingungen, welche in der Ländermarktanalyse betrachtet werden sollen im Detail behandelt.

Im Folgenden wird im Abschnitt 2.2 das Kaufverhalten von Verbraucher für Konsumgüter betrachtet. In diesem Zusammenhang wird erklärt, wie Kulturen und Subkulturen sowie Klassenzugehörigkeit das Verhalten der Käufer beeinflussen und Persönlichkeitsmerkmale die Kaufentscheidungen beeinflussen können. Des Weiteren werden die Typen und der Ablauf der Kaufentscheidung dargestellt. Die Einflussfaktoren auf die Kaufentscheidung sind besonders interessant, da hierbei viele Anhaltspunkte für die Marktsegmentierung gewonnen werden können.

Das Kapitel 2.3 behandelt die Strategien zur Zielmarkterschließung, speziell die Marktsegmentierung. Da es sich in dieser Studie um das Marketing eines Konsumgutes handelt, wird hier nur auf die Marktsegmentierung sowie die Segmentierungskriterien auf Konsumgütermärkten eingegangen. Des Weiteren werden die Strategien zur Auswahl und Beurteilung der Zielmarktattraktivität dargestellt und anschließend Segmentstrategien vorgestellt.

Darauf folgend werden die Differenzierung und Positionierung von Konsumgütern in Punkt 2.4 behandelt. Hierbei werden Differenzierungsmöglichkeiten sowie deren Kriterien dargestellt. In Folge werden Positionierungsstrategien behandelt, welche jene Eigenschaften die von den Konsumenten wahrgenommen werden sollen, beinhalten und kommunizieren sollen.

Zur Messung und Vorhersage der Marktgröße und Nachfrage werden Methoden zur Prognostizierung der Erstkäufe bei Neuprodukten in Abschnitt

2.5 vorgestellt. Dies ist von besonderem Interesse bei der Evaluierung der Attraktivität eines Ländermarktsegmentes.

In weiterer Folge werden in Kapitel 2.6 die einzelnen Komponenten des Marketing-Mix vorgestellt. Hierbei handelt es sich im Speziellen um die produktpolitischen Entscheidungen, welche in Bezug auf die Markenstrategie und Verpackung, die preispolitischen Überlegungen, die Distributionspolitik sowie die Entscheidungen bei der Planung einer integrierten Marketingkommunikation für Verbrauchsgüter getroffen werden müssen.

2.1 Das Marketingumfeld

Unternehmen agieren in einem von vielen Kräften beeinflussten Umfeld, dessen Gestaltungskräfte Entwicklungstrends prägen. Diese können vielseitige Chancen und Risiken bieten, wenn sie einerseits erkannt und genutzt oder andererseits unbeachtet und vernachlässigt werden. Um diese Entwicklungstendenzen optimal für den Unternehmenserfolg nutzen zu können, bedarf es einer eingehenden Betrachtung der Komponenten, die Auswirkungen auf das Makroumfeld der Unternehmen haben. In diesem Zusammenhang ist es besonders interessant, die demographische, volkswirtschaftliche, technologische, politisch-rechtliche und kulturelle Entwicklung eines Ländermarktes zu analysieren.

Ein Ländermarkt besteht aus Menschen, daher ist die Beobachtung der demographischen Entwicklung bei der Analyse der Attraktivität eines potentiellen Marktes entscheidend. Hierbei werden aktuelle statistische Daten über die Größe der Bevölkerung, ihre geographische Verteilung und Dichte, ihre Mobilität und Altersstruktur, ihre ethnische und religiöse Zusammensetzung sowie ihre berufliche Tätigkeit betrachtet[15]. Um eine effiziente Prognose über die aktuelle und zukünftige Marktgröße vornehmen zu können, bedarf es einer umfassenden Kenntnis über Geburtenziffern, durchschnittliche Lebenserwartungen, Veränderungen der Familienstruktur sowie Trends zur Zusammensetzung der Haushalte. Die Zusammensetzung einer Bevölkerung ist für das Marketing sehr wichtig, da jede Gruppe andere Bedürfnisse hat, wie beispielsweise in Bezug auf die Ernährung oder Kleidung[16]. Eine detaillierte Betrachtungsweise ist notwendig um unterschiedliche Gruppen in der Bevölkerung zu identifizieren, welche in weiterer Folge eigene Märkte darstellen und in Segmente gegliedert werden können.

---

15 vgl. Kotler et al. (2007b): 237.

16 vgl. Kotler et al. (2007b): 250.

Die ökonomische Komponente bezieht sich vor allem auf die Kaufkraft jener Menschen, die einen Markt konstituieren. Dies dient zur Bestimmung der Attraktivität, da sich dadurch wichtige Implikationen für die Segmentierung in erster Linie und die Preispolitik im Marketing-Mix in zweiter Linie ergeben. Um die Kaufkraft eines Landes beurteilen zu können, werden die Höhe und Verteilung der Einkommen, die Preisentwicklung sowie die Sparneigung und die Zugriffsmöglichkeiten auf Kredite betrachtet[17]. In diesem Zusammenhang werden die Entwicklung des Bruttoinlandsproduktes sowie die Inflation betrachtet. Des Weiteren werden die Struktur der Wirtschaft und die Außenhandelsaktivität des Ländermarktes zur Vervollständigung des Gesamtbildes miteinbezogen. Die technologische Entwicklung eines Landes verdient ebenfalls Beachtung, da das Wirtschaftswachstum vom technologischen Fortschritt angetrieben wird und somit Einfluss auf die Einkommen der Haushalte hat[18].

Umfassende Kenntnisse über die wirtschaftspolitischen und rechtlichen Regelungen bilden die Basis für jede wirtschaftliche Aktivität in neuen Ländermärkten. Aus diesem Grund ist es für Unternehmen notwendig sich vor der Markteinführung über jene Gesetze, die Auswirkung auf die zukünftige geschäftliche Praxis haben, zu informieren.

Einstellungen und Werte der Bevölkerung in Hinblick auf umweltpolitische Themen stellen in immer größerem Ausmaß einen Einflussfaktor auf die Marketingaktivitäten der Unternehmen dar. In jeder Gesellschaft gibt es bestimmte Grundwerte, welche sich durch hohe Beständigkeit auszeichnen. Sekundärwerte sind jedoch oft vom jeweiligen Zeitgeist geprägt und unterliegen dementsprechend einem Wandel[19]. Deshalb sollten jene Themen, wie z.B. Klimaerwärmung, Umweltschutz und Gentechnik, die einen Großteil der Marktteilnehmer beschäftigen und positive oder negative Assoziationen hervorrufen können, beobachtet werden, um diese frühzeitig erkennen und aktiv nutzen zu können.

2.2 Einflussfaktoren auf das Kaufverhalten der Konsumenten

Damit der Marketing-Mix optimal auf die Konsumentenzielgruppe abgestimmt ist und diese letztendlich zum Kauf der Produkte anregt, müssen das grundlegende Kaufverhalten der Konsumenten sowie die darauf einwirkenden Faktoren bekannt sein. Nur so kann eine Marketingkampagne

---

17 vgl. Kotler et al. (2007b): 252.

18 vgl. Kotler et al. (2007b): 258.

19 vgl. Kotler et al. (2007a): 159.

ihr Ziel erreichen, nämlich durch das gezielte Einsetzen von Marketinganreizen die potentiellen Konsumenten zu tatsächlichen Käufern zu machen.

In diesem Zusammenhang ist es wichtig zu verstehen, wie Kaufentscheidungen zustande kommen, welche Art von Entscheidung getroffen wird, welche Personen Einfluss auf den Entscheidungsträger haben und wer die Entscheidung effektiv trifft. In den meisten Fällen ist es nicht so einfach wie beim Kauf von Monatshygieneprodukten, welche jede Konsumentin alleine auswählt und kauft. Bei vielen Produkten spielen mehrere Personen eine Rolle im Entscheidungsfindungsprozess. Als Beispiel hierfür können Familien dienen, in denen je nach Kaufentscheidung unterschiedlich viele Familienmitglieder Einfluss auf die Kaufentscheidung haben können. In der Literatur werden fünf Rollen, welche unterschiedliche Personen im Kaufprozess spielen, beschrieben:

- *Initiator*: die Person, die als erste vorschlägt, ein bestimmtes Produkt zu erwerben oder eine bestimmte Dienstleistung in Anspruch zu nehmen;
- *Einflussnehmer*: die Person, deren Ansichten oder Ratschläge für die endgültige Kaufentscheidung von Gewicht sind;
- *Entscheidungsträger*: die Person, die endgültig darüber befindet, ob, was, wann, wie und wo gekauft wird, und zwar entweder im Ganzen oder über einzelne Aspekte;
- *Käufer*: die Person, die den Kauf tatsächlich ausführt;
- *Benutzer*: die Person (oder Gruppe), die das Produkt schließlich verwendet[20].

Dem Marketing stehen zur Erreichung jener Personen, die Einfluss auf die Kaufentscheidung haben jene Stimuli zur Verfügung, die sich auf das Produkt, den Preis, die Distribution sowie die Kommunikation beziehen. Des Weiteren wirken äußere Stimuli aus den Bereichen Wirtschaft, Technologie, Politik und Kultur auf die Käufer ein. Das in Abbildung 1 dargestellte Modell zeigt, dass die oben genannten Stimuli auf die so genannte „Black Box" des Konsumenten eingehen und in Folge bestimmte Reaktionen, nämlich die Wahl eines Produktes, einer Marke, eines Händlers, den Zeitpunkt des Kaufes und die Kaufmenge, auslösen.

---

20 Kotler et al. (2007a): 292.

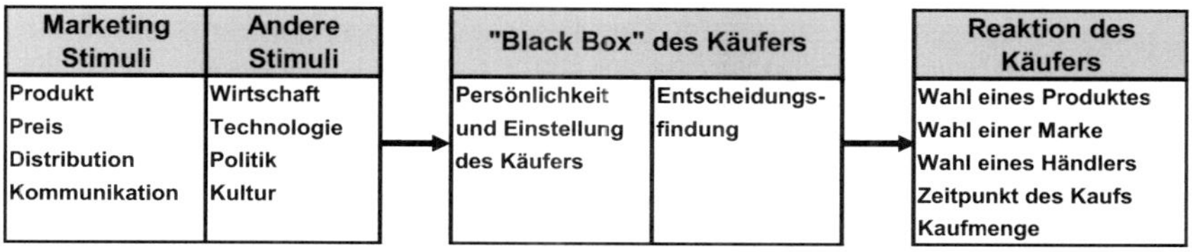

Quelle: Kotler et al. (2007a): 309.
Abbildung 1: Modell des Konsumentenverhaltens

Kulturelle, soziale, persönliche und psychologische Charakteristika entscheiden über das Konsumentenverhalten der Konsumenten. Der kulturelle Hintergrund wirkt sich auf die Wünsche und Sichtweisen eines Menschen aus und bestimmt Werte, Präferenzen und Verhaltensweisen. Des Weiteren bestehen alle Kulturkreise aus kleineren Subkulturkreisen, die wiederum andere Wertvorstellungen aufweisen. Als Beispiel können hier unterschiedliche Konfessionsgruppen in Deutschland genannt werden. Katholiken, Protestanten, Moslems und Juden stellen Subkulturen mit spezifischen religiös geprägten Präferenzen und Tabus dar[21]. Ebenso spielt die soziale Schicht, welche meist durch die Höhe des Einkommens und des Bildungsniveaus bestimmt wird, eine wichtige Rolle in diesem Zusammenhang. Die Bedürfnisse, Werte und Vorstellungen variieren je nach sozialer Schicht. Die Entscheidungen der Käufer werden auch durch persönliche Gegebenheiten beeinflusst. In diesem Sinne spielen sowohl das Alter, der Lebensabschnitt, der Beruf, die finanzielle Situation, der Lebensstil, die Persönlichkeit und das Selbstbild eine wichtige Rolle. Je nach persönlicher Situation werden andere Produkte benötigt oder nachgefragt[22]. Ein Beispiel hierfür ist der Unterschied im Bereich für Urlaubsangebote. Je nach persönlicher Lebensphase wird ein Singleurlaub, ein familienfreundliches Hotel mit Kinderbetreuung oder ein ruhiges Hotel für Senioren bevorzugt werden.

Kaufentscheidungen werden auch in großem Maße von psychologischen Faktoren beeinflusst. Hierbei wirken sich die unterschiedlichen Bedürfnisse, welche in der Maslowschen Bedürfnishierarchie je nach Wichtigkeit von physiologischen Bedürfnissen an unterster, bis zum Bedürfnis nach Selbstverwirklichung an oberster Stelle gereiht sind, auf die Produktwahl aus. Sobald ein Bedürfnis, welches sich in einer unteren Hierarchieebene befindet, befriedigt ist, strebt der Mensch automatisch nach Befriedigung

[21] vgl. Kotler et al. (2007b): 277.
[22] vgl. Kotler et al. (2007a): 318.

eines höheren Bedürfnisses[23]. Ein Mensch, der sich kaum ernähren kann, wird daher zuerst dieses physiologische Bedürfnis befriedigen wollen, bevor er sich um einen speziellen Kleidungsstil zur Unterstreichung seiner Persönlichkeit sorgt. Ebenso wirken sich Ansichten und Einstellungen auf die Präferenz von Produkten aus. In diesem Zusammenhang soll der Country-of-Origin-Effekt[24] genannt werden. Hierbei handelt es sich um eine positive oder negative Assoziation mit einem Herkunftsland, das in Folge auf ein Produkt aus diesem Land übertragen wird[25]. Verbindet jemand positive Aspekte mit dem Herkunftsland, werden meist auch positive Aspekte mit dem Produkt aus diesem Land hergestellt.

Je nach Art der angebotenen Produkte unterscheidet sich das Kaufverhalten. Hierbei stellen die Unterschiede zwischen den Marken sowie die Intensität der Beschäftigung mit Kauf des Produktes die wesentlichsten Unterscheidungsmerkmale dar. In diesem Zusammenhang können vier Arten von Kaufverhalten festgestellt werden. Es handelt sich um ein komplexes Kaufverhalten, wenn eine intensive Beschäftigung mit einem Produkt notwendig ist und große Markenunterschiede feststellbar sind. Vom Abwechslung suchenden Kaufverhalten ist die Rede, wenn eine geringe Beschäftigung mit dem Kauf, jedoch aber große Unterschiede zwischen den Marken festgestellt werden können. Dissonanzminderndes Kaufverhalten tritt vor allem bei teuren oder selten gekauften Produkten, welche eingehend studiert werden, jedoch aber nur geringe Markenunterschiede aufweisen, auf. Des Weiteren kann das habituelle Kaufverhalten genannt werden. Hierbei werden Produkte gekauft, welche geringe Unterschiede zwischen den Marken aufweisen und eine geringe Beschäftigung mit dem Kauf benötigen. Als Beispiel kann hier der Kauf von täglichen Produkten wie Salz genannt werden[26].

Das Verhalten der Käufer kann in fünf unterschiedliche Phasen eingeteilt werden und beginnt mit der Problemerkennung. Es folgen die Informationssuche, die Bewertung der Alternativen, die Kaufentscheidung und das Verhalten nach dem Kauf. Je nach Komplexität des Produktes werden die Kaufprozessphasen in unterschiedlicher Länge durchlebt und vom Käufer wahrgenommen. Hierbei spielen ebenfalls die Intensität, welche für den Produktkauf aufgewendet wird sowie die Markenunterschiede eine wesentliche Rolle[27].

---

23 vgl. Kotler et al. (2007b): 285.
24 vgl. Kotler et al. (2007b): 289.
25 vgl. Czinkota / Ronkainen (2001): 324.
26 vgl. Kotler et al. (2007b): 292f.
27 vgl. Kotler et al. (2007b): 296ff.

Zur Entwicklung eines Erfolg versprechenden Marketingkonzeptes ist es notwendig, die Einflussfaktoren, welche auf die Entscheidung eines potenziellen Käufers für oder gegen den Erwerb eines Produktes sprechen, zu kennen und mittels der Marketingkommunikation positiv zu beeinflussen. Die fundamentale Kenntnis ist ausschlaggebend bei der Segmentierung und der Zielmarktfestlegung sowie, in weiterer Folge, bei der Gestaltung des Marketingkonzeptes.

2.3 Marktsegmentierung

Die Segmentierung basiert auf der Grundidee, dass sich ein Gesamtmarkt aus einer Vielzahl aktueller und potenzieller Konsumenten zusammensetzt, die sich unter anderem durch ihre Wünsche, Einstellungen, Ressourcen, ihren Wohnort und ihrem Kaufverhalten unterscheiden. Diese Unterschiedsmerkmale können dazu herangezogen werden, den Gesamtmarkt in homogene Teilmärkte oder Teilsegmente zu gliedern[28]. Die Marktsegmentierung wird von Meffert daher wie folgt definiert:

„Unter Marktsegmentierung wird somit die Aufteilung eines Gesamtmarktes in bezüglich ihrer Marktreaktion intern homogene und untereinander heterogene Untergruppen (Marktsegmente) sowie die Bearbeitung eines oder mehrerer dieser Marktsegmente verstanden."[29]

Einem Unternehmen, sei es im Konsum- oder Industriegüterbereich tätig, ist es nicht möglich für alle Käufer in gleichem Maße attraktiv zu sein. Abgesehen von den diversen Kaufverhalten sind auch die Unterschiede in den vorhandenen Bedürfnissen zu groß, als dass sie von einer „Standardantwort" befriedigt werden könnten. Es muss sich daher für eine Strategie entschieden werden. Es kann zwischen der Massenmarkt- und der Marktsegmentierungsstrategie unterschieden werden[30]. Die Marketingstrategie des Massenmarketings, welche den Gesamtmarkt als homogen betrachtet, wurde lange Zeit von Coca Cola verfolgt, als nur ein einziges Produkt in einer einzigen Flaschengröße angeboten wurde. Mittlerweile gibt es von Coca Cola verschiedene Geschmacksrichtungen, Light-Produkte und verschiedene Flaschengrößen um die Heterogenität der Käufer besser zu berücksichtigen.

Für Unternehmen ist es ratsam sich auf bestimmte Teilbereiche, die so genannten Marktsegmente, zu konzentrieren und die Marketingaktivitäten speziell auf die Wünsche und Bedürfnisse dieser Käufergruppen abzu-

---

28 vgl. Kotler et al. (2007): 457.

29 Meffert (2000): 174.

30 vgl. Becker (2006): 681.

stimmen. Das Zielgruppenmarketing verbessert daher die Absatzchancen, da es eine genauere Identifikation ermöglicht. Es kann somit das richtige Produkt zum richtigen Preis über die richtigen Absatzkanäle verkauft werden und die Zielgruppe mit der richtigen Werbung zum Kauf animiert werden. Wird eine Untergruppe in einem Marktsegment anvisiert, spricht man von Nischenmarketing. Hierbei handelt es sich um einen sehr kleinen Bereich, der sich von den für sie entwickelten Produkten eine optimale Bedürfnisdeckung verspricht. Aus diesem Grund sind diese Käufer gewillt Preisaufschläge zu bezahlen. Ein gutes Beispiel hierfür ist der Luxusautomobilhersteller Ferrari, der im Segment der Sportwagenliebhaber auf die Nische der obersten Einkommensschicht zielt[31].

Die Kriterien, die zur Marktsegmentierung verwendet werden, müssen mehrere Anforderungen erfüllen um jene Merkmale, die eine effektive und zweckmäßige Marktaufteilung erlauben zu identifizieren. Hierzu zählen die Kaufverhaltensrelevanz, die Messbarkeit bzw. Operationalität, die Erreichbarkeit bzw. Zugänglichkeit der Zielgruppe, die Wirtschaftlichkeit der Erhebung sowie die zeitliche Stabilität der erhobenen Informationen über die Planungs- und Durchführungsphase hinweg[32].

Im Folgenden werden jene Ansätze betrachtet, die im Konsumgütermarketing zur Segmentierung üblicherweise herangezogen werden. Die Abbildung 2 stellt diese graphisch dar.

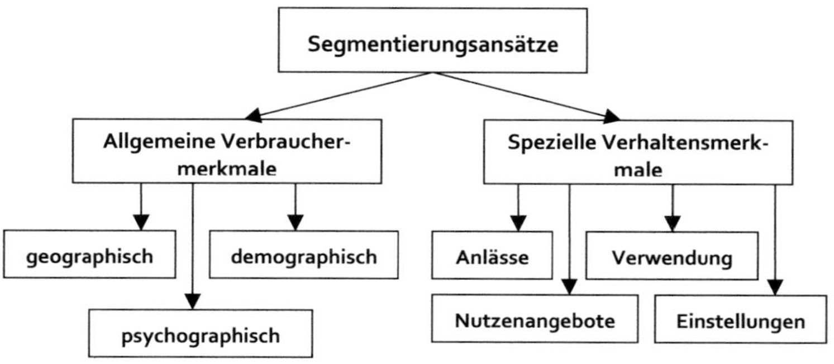

Quelle: Eigene Darstellung in Anlehnung an Kotler et al. (2007b): 366.
Abbildung 2: Segmentierungsansätze

31 vgl. Kotler et al. (2007a): 456ff.
32 vgl. Meffert (2000): 178f.

Diese können in zwei Gruppen, der allgemeinen Verbrauchermerkmale und der speziellen Verhaltensmerkmale, unterteilt werden, welche sich in Folge einerseits aus geographischen, demographischen und psychographischen Variablen sowie andererseits in Anlässe, Nutzenangebote, Verwendung und Einstellungen gliedern lassen.

Diese Segmentierungsansätze bedienen sich in der Praxis folgender Variablen:

- Geographisch: Region/Gebiet, Ortsgröße, Bevölkerungsdichte
- Demographisch: Alter, Geschlecht, Familiengröße, Anzahl der Kinder, Familienlebenszyklus, Einkommen/Kaufkraft, Berufsgruppen, Berufsausübung, Ausbildung, Konfession, Nationale Herkunft, Rolle im Haushalt, Soziale Schicht
- Psychographisch: Lebensstil, Persönlichkeit
- Verhaltensbezogen: Anlässe, Nutzennachfrage bzw. -vorstellungen, Verwenderstatus, Verwendungsrate, Markentreue, Stadium der Kaufbereitschaft, Einstellung[33].

Eine Segmentierungsmethode, die auf Basis von Nutzenvorstellungen den Gesamtmarkt in Teilmärkte gliedert, ist das so genannte Benefit-Segmenting. Es wird hier der mit einer bestimmten Leistung verbundene vom Kunden wahrgenommene Nutzen, als zentrales Kriterium der Kaufentscheidung angesehen[34]. Zunächst müssen die Hauptvorteile, die sich die Käufer von den Produkten erwarten, identifiziert werden. Im Anschluss werden die Konsumententypen, welche nach den jeweiligen Nutzen verlangen, beschrieben und die sich bereits am Markt befindenden Marken, die diese befriedigen, bestimmt. In der Praxis stellt diese Segmentierungsmethode die am häufigsten verwendete dar[35]. Das Ergebnis dieser Segmentierung wird mittels den anderen, oben genannten Segmentierungsvariablen, analysiert und erlaubt somit eine Beschreibung des Zielsegmentes. Ein gutes Beispiel hierfür stellt der Zahnpastamarkt dar. Es kann zwischen Käufern unterschieden werden, die Frische wollen, jene die einen Weißmacher suchen, andere die den guten Geschmack als Hauptkriterium benennen und jene, die Schutz vor Karies als primäre Nutzenerwartung haben. Sobald feststeht, welche Größe das Frische su-

---

33 vgl. Kotler, et al. (2007b): 366ff.

34 vgl. Meffert (2000): 196ff.

35 vgl. Kotler et al. (2007a): 473f.

chende Segment hat, wird es nach Alter, Einkommen, usw. dieser Käufer betrachtet. Die Kenntnis der Nutzenerwartungen sowie die nach der Analyse des Segmentes gewonnenen Informationen ermöglichen in weiter Folge eine auf die potenziellen Käufer optimal abgestimmte Differenzierung und Positionierung des Produktes.

2.4 Differenzierung und Positionierung

Unternehmen sind in steigendem Maße gezwungen sich vom Angebot der Konkurrenten zu differenzieren um Wettbewerbsvorteile generieren zu können. Als Gründe können die sich kontinuierlich ändernden Marktverhältnisse, die zunehmende Marktsättigung, die steigende Austauschbarkeit der Produkte sowie deren Werbung, der Mangel an echten technologischen Produktinnovationen sowie die zunehmende Reizüberflutung der Konsumenten und deren nachlassendes Informationsinteresse genannt werden. Unternehmen können sich in drei Situationen wieder finden, die ein Positionierungskonzept verlangt. Erstens kann es einer Stärkung der aktuellen Position bedürfen, zweitens kann ein Unternehmen eine unbesetzte Position finden und ausfüllen und drittens kann eine Repositionierung nötig werden, da die gegenwärtige Position unvorteilhaft geworden ist[36].

Käufer haben in zunehmendem Maße die Wahl zwischen verschiedenen Anbietern, Produkten und Marken. Aus diesem Grund ist es für Unternehmen entscheidend sich von der Konkurrenz zu differenzieren, was wie folgt definiert wird:

„Differenzierung ist der Vorgang, durch den sinnvolle Unterschiede in das Design eines Produktangebotes integriert werden, um das eigene Angebot vom Angebot der Wettbewerber anzuheben."[37]

Die Differenzierungsmöglichkeiten sind je nach Branche und Produkt unterschiedlich, stellen jedoch die gleichen Anforderungen. Als Kriterien sind die Substantialität, die Hervorhebbarkeit, die Überlegenheit, die Kommunizierbarkeit, die Vorsprungsicherung, die Bezahlbarkeit, das Gewinnbeitragspotenzial und die Nachhaltigkeit zu nennen. Eine Strategie würde daher nicht erfolgreich sein, wenn nur einige der oben genannten Aspekte nicht realisierbar wären. Als Beispiel kann ein Produkt genannt werden, welches nur einer ungenügenden Anzahl von potenziellen

---

36 vgl. Kotler et al. (2007a): 513f.

37 Kotler et al. (2007b): 407.

Käufern einen Vorteil bescheren würde oder dieser Vorteil leicht von der Konkurrenz kopierbar wäre[38].

Es besteht die Möglichkeit die Produkte, Dienstleistungen, Mitarbeiter oder das Unternehmensimage zur Differenzierung heranzuziehen. Diese kann über die Kommunikation von verschiedenen Faktoren erfolgen, welche in den Augen der Konsumenten besser erscheinen, als jene der Mitbewerber. Die Tabelle 1 gibt einen Überblick über die verschiedenen Differenzierungsinstrumente und deren Ausgestaltungsmöglichkeiten.

Produkt	Serviceleistungen	Mitarbeiter	Distribution	Identitätsgestaltung
Ausstattung	Zustellung	Fachkompetenz	Absatzwege	Symbole
Produktdesign	Installation	Höflichkeit	Abdeckgrad	Medien
Styling	Kundenberatung	Freundlichkeit	Fachkompetenz	Atmosphäre
Haltbarkeit	Instandhaltung	Vertrauen	Leistung	Ereignis
Zuverlässigkeit		Kommunikation		Sponsoring
Konformität				

Quelle: Eigene Darstellung in Anlehnung an Kotler et al. (2007b): 407.
Tabelle 1: Differenzierungsinstrumente und deren Ausgestaltungsmöglichkeiten

Beispiele für originelles Produktdesign sind die Computer von Appel, die sich durch ihr Design, speziell die weiße Farbe der Hardware, von jenen der Konkurrenz abheben, welche nach wie vor eher schwarz oder dunkelblau sind. Zur Identitätsgestaltung werden häufig Symbole verwendet, welche die Wiedererkennungsrate des Unternehmens oder der Marke erhöhen. Der Mercedesstern als bekanntestes Markensymbol kann hier in diesem Zusammenhang genannt werden[39].

Üblicherweise entscheiden sich Käufer für jene Produkte, die den größten Gegenwert versprechen, ihnen also den größten Nutzen bringen. Ein Unternehmen muss daher die Nutzenerwartung seiner potenziellen Käufer kennen und seine Positionierung darauf abstimmen, indem es eine fokussierte Positionierungsstrategie verfolgt, die wie folgt definiert werden kann:

---

[38] vgl. Kotler et al. (2007b): 402.

[39] Kotler et al. (2007b): 414ff.

„Die Positionierungsstrategie ist das Bestreben des Unternehmens, sein Angebot so zu gestalten, dass es im Bewusstsein des Zielkunden einen besonderen, geschätzten und von Wettbewerbern abgesetzten Platz einnimmt.“[40]

Das bedeutet, dass die Positionierung im Kopf der Käufer durch Assoziation stattfindet und somit die Wahrnehmung und Einstellung gegenüber dem Produkt oder des Unternehmens mittels Marketingaktivitäten positiv beeinflusst werden soll. Es ist für Unternehmen jedoch nicht sinnvoll zu viele Unterschiede zu kommunizieren sondern nur jene, die für den Zielmarkt am sinnvollsten sind. Viele Marketer vertreten die Ansicht, dass nur eine Eigenschaft hervorgehoben werden, diese dann aber aggressiv kommuniziert werden sollte[41].

Als Positionierungsobjekte können sowohl ganze Unternehmen, Geschäftsbereiche, einzelne Abteilungen oder auch Profit Centers, sowie Dienstleistungen, Personen oder Produktgruppen, einzelne Produkte, oder Marken herangezogen werden. Die Positionierung einer Marke hat jedoch auch immer Interaktionen in Bezug auf das herstellende oder vertreibende Unternehmen zur Folge. Aus diesem Grund darf dieser Zusammenhang nicht außer Acht gelassen werden um konträre Informationskommunikation zu vermeiden.

Die Botschaft kann eine Qualitäts-, Kosten- oder Technologieführerschaft oder das außergewöhnliche Serviceangebot zum Inhalt haben. Eine ökologische Positionierung stellt das Engagement für die Umwelt des Unternehmens bzw. die Umweltverträglichkeit des Produktes in den Vordergrund. Des Weiteren ist eine ländertypische Positionierung möglich, welche sich den positiven Imagetransfer von Länderimagefacetten und Stereotypen auf das Produkt zu Nutze macht[42]. Als Beispiel kann hier der Markenschuh Converse dienen, der mittels des Hinweises „Designed in the USA“ den American-Way-of-Life vermittelt[43].

Die Positionierungsbotschaft kann entweder informativ oder emotional ausgestaltet sein, je nachdem ob sie an den Verstand oder die Gefühle gerichtet ist. Im Fall einer informativen Produktpositionierung werden objektive, physikalisch-technische Eigenschaften, wie Farbe, Geschmack, Duft, ..., welche einfach von den Käufern nachgeprüft werden können, kommuniziert. Es werden jene Eigenschaften vermittelt, die entweder bereits bekannt sind und somit nur in der Wahrnehmung verstärkt wer-

---

40 Kotler et al. (2007b): 423.

41 Kotler et al. (2007b): 424ff.

42 vgl. Czinkota / Ronkainen (2001): 324.

43 vgl. Höpfner (2001): 1f.

den, oder jene, die noch nicht wahrgenommen wurden. Die informative Produktpositionierung empfiehlt sich bei Märkten mit geringer Sättigung, bei technologischen Innovationen und bei Produkten, die eine hohe Beschäftigung beim Kauf erfordern.

Aufgrund der steigenden Marktsättigung und der weitgehenden Annäherung der Produktqualitäten, des Designs und der zunehmenden Informationsüberlastung wird die Durchführung dieses Konzeptes komplizierter und wird daher zunehmend von der emotionalen Produktpositionierung abgelöst. Hierbei werden Produkte mit bestimmten Emotionen in Verbindung gebracht und Kauferlebnisse geschaffen. Für viele Käufer stehen beim Kauf gewisser Produkte nicht mehr die funktionellen Eigenschaften im Vordergrund, sondern emotionale bzw. sinnliche Erlebnisse, welche das Lebensgefühl und die Lebensqualität steigern. Hierzu werden die Instrumente der Produktgestaltung, wie Markenbildung, Produktdesign, Verpackung, sowie jene der Kommunikation und der Ladengestaltung eingesetzt. Bilder nehmen bei der emotionalen Positionierung eine zentrale Stellung ein, da sie besser in Erinnerung behalten werden als Wörter. Speziell bei der emotionalen Produktpositionierung ist die Einheit der Botschaft mit dem Marketing-Mix von vordergründiger Bedeutung für den Erfolg des Konzeptes. Ein Beispiel für eine erfolgreich durchgeführte emotionale Positionierungskampagne ist Smirnoff Black Ice. Um junge männliche Konsumenten zu erreichen, wählte das Unternehmen seine Positionierung mit jung, männlich, trendy mit gutem Image[44].

Die strategische Produktpositionierung ist die Phase der Entwicklung und Formulierung der Positionierung, welche von der operativen Phase, nämlich der Implementierung der gewünschten Positionierung mit Hilfe der verschiedenen Marketing-Mix-Instrumente, gefolgt wird. Die strategische Phase besteht aus der Entwicklung von mehreren Positionierungskonzepten, welche in Folge auf einige wenige geeignete reduziert werden. Als nächstes werden die ersten visualisierten Gestaltungskonzepte überprüft, beurteilt und die verbleibenden Alternativen getestet. Anschließend wird das beste Konzept ausgewählt und anschließend realisiert[45].

Das Ziel aller Positionierungsaktivitäten ist es eine Unique Selling Proposition (USP) zu bestimmen, das heißt, ein unverwechselbares Nutzenangebot für den Käufer zu bieten, welches nicht von der Konkurrenz angeboten wird und schwer kopiert werden kann[46]. Diese USP sollte im Zentrum der Positionierungsbotschaft stehen und konstant über jedes ge-

---

44 vgl. Datamonitor (2004): 1ff.

45 vgl. Kotler et al. (2007a): 518ff.

46 vgl. Springer (2003): 63.

wählte Medium kommuniziert werden. Dieses Konzept ist sehr effektiv, speziell in der Einführungs- und Wachstumsphase des Produktlebenszyklus in gesättigten Märkten, auf dem bereits viele gleichartige Produkte vertreten sind. In diesem Fall gibt es laut Judt und Aigner zwei Erfolg versprechende Möglichkeiten. Zum einen kann, wenn eine Preisführerschaft möglich ist, der Preis als primäres Verkaufsargument dienen. Zum anderen empfiehlt es sich die USP mit Emotionen zu beladen[47].

Basierend auf den Wünschen und Nutzenerwartungen der Käufer werden Merkmale definiert, welche es erlauben, das eigene Produkt in Bezug zu jenen der Konkurrenz anhand von vier Dimensionen in der so genannten Produktpositionierungsanalyse darzustellen. Diese Analyse ermöglicht eine Übersicht über die bereits von der Konkurrenz besetzten Positionierungen und erleichtert die Identifikation von unbesetzten Positionierungen, die eine einzigartige Nutzenpositionierung erlauben[48]. Meist werden Produktpositionierungen gewählt, die Produkteigenschaften mit einem Kundennutzen verbinden. Als Beispiele können hier die Qualität und der Preis dienen.

Das Problem der Produktpositionierung ist jedoch, dass die Merkmalsdimensionen verbal-qualitativ sind und daher nicht objektiv sind und sich ändern können. Aus diesem Grund werden in der Praxis häufig allgemeine Charakteristika verwendet, welche aber nur geringe Unterschiede in der Positionierung zulassen. Die Vorteile dieser Methode sind einerseits die Möglichkeit, eine schnelle Marktpositionierung aufgrund der Unique Selling Proposition zu erreichen, andererseits wird eine rasche Abgrenzung von der Konkurrenz ermöglicht[49].

Die Abbildung 3 stellt die Produktpositionierungsanalyse von Zahnpasta auf dem österreichischen Markt dar.

---

47 vgl. Judt / Aigner (2004): 1.
48 vgl. Kotler et al. (2007b): 456ff.
49 vgl. Springer (2003): 65f.

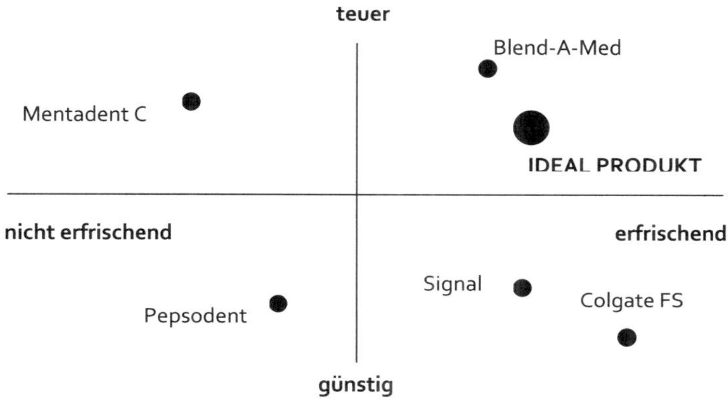

Quelle: Eigene Darstellung.
Abbildung 3: Produktpositionierungsmodell

Bei der Positionierung können auch Fehler gemacht werden, die sich sehr negativ auf den Verkaufserfolg auswirken können. Werden gegensätzliche Eigenschaften oder verschiedene Informationen kommuniziert, besteht die Gefahr einer unklaren Positionierung, welche zur Verwirrung der Käufer führt. Ein weiterer Fehler ist jener, der Unterpositionierung, das heißt, dass es leider gar nicht gelungen ist, das Produkt in den Köpfen der Käufer zu positionieren. Im Gegensatz hierzu steht die Überpositionierung, das heißt, den Käufern wurde ein zu enges Bild kommuniziert. Dies ist der Fall, wenn die Exklusivität des Produktes so in den Vordergrund gestellt wurde, das der Käufer annimmt, er könne sich dieses niemals leisten[50].

Für den Erfolg einer Positionierungsstrategie ist es unerlässlich, dass das Produkt hält was es verspricht. Aus diesem Grund ist die Integration der einzelnen Marketinginstrumente in der Implementierung von essentieller Bedeutung.

2.5 Marktgröße und Nachfrage

Bevor die Größe eines Marktes und die Nachfrage ermittelt werden können, muss zuerst definiert werden, was der Begriff Markt umfasst. Für Ökonomen, welche sich für die Struktur, die Mechanismen und die Leis-

---

[50] vgl. Kotler et al. (2007a): 519f.

tungsfähigkeit von Märkten interessieren, stellt die Gesamtheit aller Käufer und Verkäufer, die in einer Austauschbeziehung zu einem Produkt oder einer Dienstleistung stehen, den Markt dar. Für die Marketingverantwortlichen hingegen, besteht der Markt neben den tatsächlichen auch aus den potenziellen Käufern und die Branche wird als die Gesamtheit aller Anbieter auf diesem Markt definiert. Ein potenzieller Käufer ist jener, der die folgenden drei Eigenschaften besitzt: Interesse am Produkt, genügend verfügbares Einkommen um das Produkt erwerben zu können sowie Zugang zum Markt. Die Marktgröße wird also von der Anzahl der Käufer bestimmt, die bereit sind das Produkt oder die Dienstleistung zu erwerben[51].

Die Marktforschung ist hier von großer Bedeutung um jene wichtigen Informationen, die den Markt betreffen und seine Analyse ermöglichen, zu erhalten. Es können, soweit verfügbar, Sekundärdaten wie z.B. Branchenzahlen oder relevante Statistiken verwendet werden. Sind diese jedoch ungenügend, muss eine Primärforschung stattfinden, welche entweder durch Befragung von Käufern, Vertriebsorganisationen oder Experten jene Informationen liefert, die zur Prognose der Marktgröße, des Marktpotenzials und der Nachfrage verwendet werden können[52].

Um die Größe eines Marktes einschätzen zu können, muss daher zuerst festgestellt werden, wie viele Menschen grundsätzlich am Produkt interessiert sind. Hierzu kann eine Befragung gute Erkenntnisse liefern. Zeigt eine von zehn Personen Interesse, kann von einem Marktpotenzial von zehn Prozent der Gesamtbevölkerung ausgegangen werden. Kommt zum Interesse am Produkt noch genügend Kaufkraft sowie Zugang, spricht man vom erreichbaren Markt. In weiterer Folge müssen all jene Personen, die entweder aufgrund von gesundheitlichen Problemen oder rechtlichen Regelungen das Produkt nicht erwerben dürfen, vom erreichbaren Markt subtrahiert werden um den qualifizierten erreichbaren Markt ermitteln zu können. Das Unternehmen kann sich nun dafür entscheiden, den gesamten qualifiziert erreichbaren Markt zu bearbeiten oder nur ein davon ausgewähltes Segment. Der Markt, für den es sich schließlich entscheidet, wird als der bearbeitete Markt bezeichnet. Der durchdrungene Markt ist jener Teil des bearbeiteten Marktes, der das Produkt des Unternehmens oder seiner Konkurrenten effektiv gekauft hat[53]. Die Abbildung 4 stellt die verschiedenen Marktbegriffe graphisch dar.

---

51 vgl. Kotler et al. (2007a): 425f.

52 vgl. Springer (2003): 26ff.

53 vgl. Kotler et al. (2007a): 425ff.

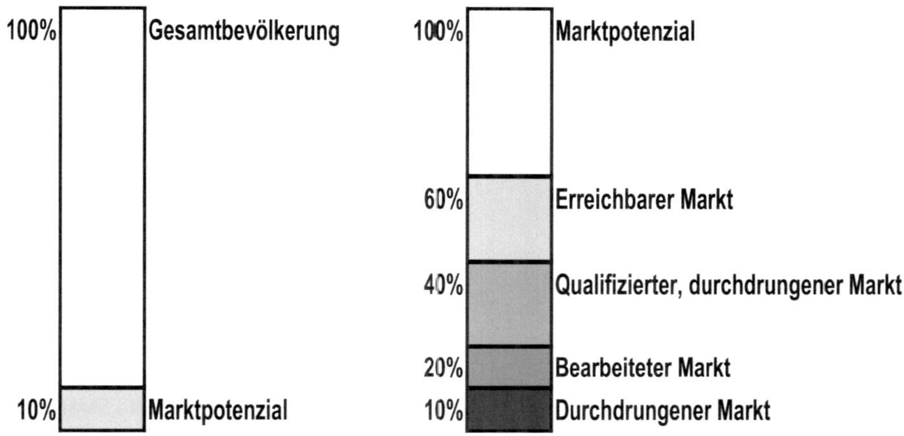

Quelle: Eigene Darstellung nach Kotler, P. et al. (2007): Grundlagen des Marketing, S 427.
Abbildung 4: Marktbegriffe

Sobald der Markt definiert wurde, ist es interessant seine aktuelle Größe sowie sein Entwicklungspotenzial zu quantifizieren. Hierfür wird die aktuelle Gesamtnachfrage auf geographischer und zeitlicher Ebene, sowie nach Produktdimension gemessen bzw. geschätzt. Als Beispiel kann die Nachfrageermittlung für den französischen Markt (geographischer Aspekt), in der kurzen Frist (zeitlicher Aspekt) für Speiseöl (Produktdimension) dienen. Über- oder Unterschätzungen des Marktes können zu hohen Verlusten für das Unternehmen führen und sind daher durch eingehende Studien des verfügbaren Zahlenmaterials zu vermeiden.

Laut Kotler umfasst die „Gesamtnachfrage nach einem Produkt [...] das gesamte Volumen, das von einer genau definierten Zielgruppe in einem bestimmten Gebiet in einem festgelegten Zeitabschnitt in einer gegebenen Marketing-Umgebung bei einem bestimmten Niveau und einer bestimmten Zusammensetzung des Marketing-Aufwandes der Branche nachgefragt wird"[54].

Es handelt sich hier um keine konstante Größe, sondern um eine dynamische, die sich je nach Intensität der gegebenen Variablen, wie beispielsweise der Werbung oder der Konjunktur, verändert.

Eine Methode zur Schätzung der Marktnachfrage ist jene, die die gesamte Marktnachfrage aus der Anzahl der Käufer am Markt, der durchschnitt-

[54] Kotler et al. (2007a): 428.

lich gekauften Menge pro Käufer pro Jahr und dem durchschnittlich erzielten Preis pro Einheit ermittelt. Diese wird wie folgt dargestellt:

$$\mathbf{Q = n \times q \times p}$$

wobei:

Q = gesamte Marktnachfrage;

n = Anzahl der Käufer am Markt

q = durchschnittliche Menge pro Käufer pro Jahr; und

p = durchschnittlicher Preis pro Einheit.

Eine weitere Möglichkeit zur Berechnung der Gesamtnachfrage ist die Verwendung der Anzahl der Haushalte eines Marktes sowie der durchschnittlichen Ausgaben für das jeweilige Produkt pro Jahr. Diese Methode wird im Zuge dieser Studie für die Quantifizierung der Gesamtnachfrage nach Ölen und Fetten in Frankreich verwendet.

Die Vorausschätzung des zukünftigen Absatzes ist ein wichtiger Teil der Marketingforschung. Dazu werden sowohl quantitative als auch qualitative Methoden angewandt. Quantitative Absatzprognosen basieren auf historischen Daten und können daher zur Schätzung bei Neuprodukteinführung bzw. bei Einführungen von einem Produkt auf einen neuen Markt nicht angewendet werden, da keine vergangenheitsbezogenen Daten vorliegen. Qualitative Absatzprognosen bedienen sich oft der Befragung von Absatzmittlern und Käufern[55].

Um den Erfolg eines neuen Produktes auf einem Markt prognostizieren zu können, werden in der Praxis Produkttests oder Testmarktsimulationen durchgeführt. Am meisten verbreitet ist in diesem Zusammenhang das Prognoseverfahren nach Parfitt/Collins, mit Hilfe dessen bereits kurze Zeit nach der Neueinführung der annähernd längerfristig erreichbare Marktanteil ermittelt werden kann. Zur Ermittlung dieser werden die relative Reichweite, die Wiederkaufsrate sowie der Kaufindex herangezogen. Dieses Verfahren wird jedoch im Rahmen dieser Studie nicht verwendet und daher auch nicht näher behandelt[56].

2.6 Komponenten des Marketing-Mix

Der Marketing-Mix setzt sich aus so genannten 4 P's zusammen, nämlich der Produktpolitik, der Preispolitik, der Distributions- und Konditionenpolitik sowie der Kommunikationspolitik. Die folgende Abbildung 5 stellt die

---

55 vgl. Meffert (2000): 165ff.

56 vgl. Berekoven et al. (2002): 265f.

Elemente und deren Zusammenhang graphisch dar, wobei Product für die Produktpolitik, Price für die Preispolitik, Promotion für die Kommunikationspolitik und Place für die Distributions- und Konditionenpolitik steht.

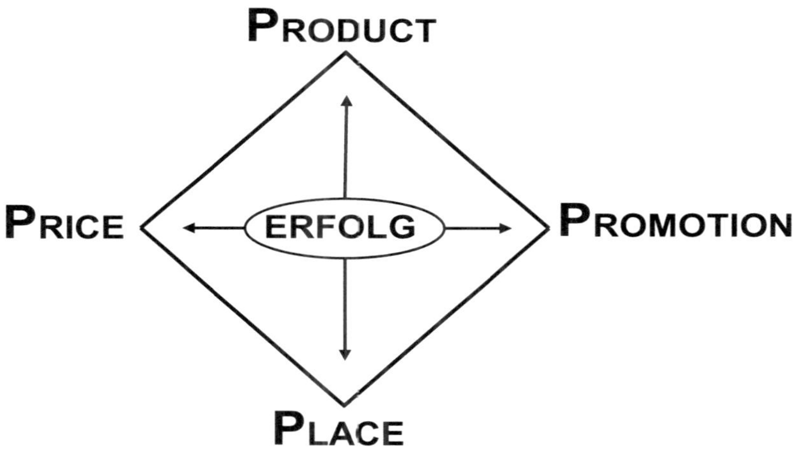

Quelle: Eigene Darstellung
Abbildung 5: Zusammenhang zwischen den 4 P's und Erfolg

Um ein erfolgreiches Marketingkonzept zu entwickeln, müssen die einzelnen Bestandteile aufeinander abgestimmt werden und als ein harmonisches Ganzes von den Käufern wahrgenommen werden. Nichts wirkt sich negativer auf den Erfolg eines Produktes aus, als ein nichtintegriertes Marketing.

2.6.1 Produktpolitik

Die Produktpolitik ist von besonderer Bedeutung im Marketing-Mix, da der Verkaufserfolg weitgehend vom Produkt bzw. der Leistung selbst abhängt. Die Zusammensetzung der einzelnen Komponenten der Produktpolitik hängt von verschiedenen Faktoren ab. Einerseits hat die Produktklasse einen Einfluss auf die Gewichtung der Politikbestandteile, andererseits werden diese auch von den verschiedenen Produktdimensionen beeinflusst. Aus diesem Grund müssen, bevor auf die einzelnen Bestanteile der Produktpolitik eingegangen werden kann, die Produktklassen, sowie die Produktdimensionen erklärt werden.

Es kann unter anderem zwischen Verbrauchs- und Gebrauchsgütern sowie Konsum- und Industriegütern unterschieden werden. Die ersteren unterscheiden sich anhand der Langlebigkeit der Güter und die letzteren anhand ihrer Abnehmer. Im Rahmen dieser Studie sind die Konsumgüter von besonderem Interesse und werden daher ausschließlich behandelt. Konsumgüter können je nach Kaufverhalten in Güter des täglichen Bedarfs, Suchgüter, Sonderprodukte und Spezialitäten sowie unbekannten oder unerwünschten Gütern unterteilt werden. Je nachdem, um welche Art von Konsumgut es sich handelt, werden die Bestandteile der Produktpolitik angepasst werden müssen.

Die Produktplanung findet in drei Dimensionen statt, wobei jede weitere Dimension einen zusätzlichen Wert für den Kunden bietet. In der Mitte befindet sich das Kernprodukt, welches dem Objekt entspricht, das der Kunde erwerben will und somit den Basisnutzen darstellt, der ein Bedürfnis beim Käufer befriedigen soll. Auf der nächsten Ebene wird der Basisnutzen ergänzt und somit in ein reales Produkt verwandelt. Fünf Eigenschaften kennzeichnen das reale Produkt:

- Qualität
- Produktfunktionalität
- Design
- Marke des Produktes
- Verpackung

Die nächste Ebene ist die des erweiterten Produktes, auf welches sich in vielen Bereichen der Wettbewerb, aufgrund der zunehmenden Konkurrenz auf den Märkten, verlegt hat. Hierbei werden Zusatzleistungen und –nutzen, wie beispielsweise Kundendienst, Gewährleistung, Telefon-Hotline, Installation,... usw. angeboten. Dies ist insofern Erfolg versprechend, da der Endverbraucher die Tendenz erkennen lässt, das von ihm zu erwerbende Produkt als ein Bündel von Nutzen anzusehen, welches seine Bedürfnisse befriedigen kann[57]. Abbildung 6 stellt die drei Produktdimensionen graphisch dar.

---

[57] vgl. Kotler et al. (2007a): 623ff.

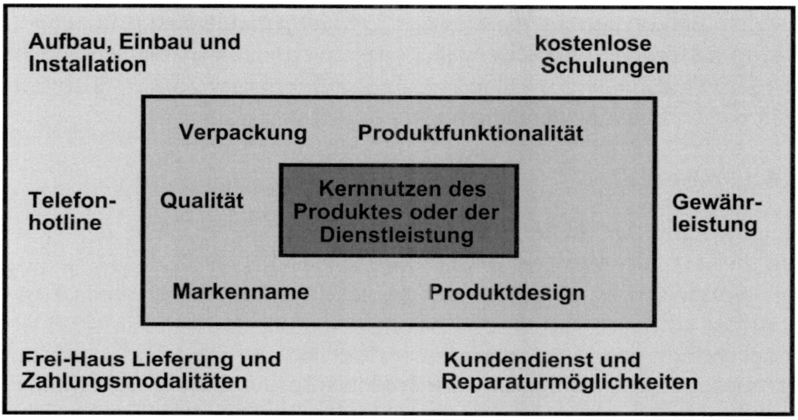

Quelle: Eigene Darstellung nach Kotler et al. (2007a): 624.
Abbildung 6: Die drei Produktdimensionen: Kern-, reales und erweitertes Produkt.

Zur Entwicklung der Produktpolitik werden die Eigenschaften, welche das reale Produkt definieren, herangezogen und durch weitere Entscheidungen ergänzt. Die Produktpolitik umfasst folgende Bestandteile:

- Produktgestaltung (Qualität, Funktionalität, Ausstattung, Design)
- Markengebung,
- Etikettierung und Kennzeichnung,
- Verpackungsgestaltung,
- Sortiment- und Produktlinienentscheidungen,
- Produktgebundene Kundendienstleistungen und
- Anwenderberatung.

Ein kohärentes Zusammenspiel der oben genannten Punkte ist für eine erfolgreiche Produktpolitik unerlässlich und erfordert im Vorfeld eine eingehende Analyse der Käuferzielgruppe. Aufgrund der Globalisierung und der dadurch verursachten Veränderung der Weltmärkte, stehen internationale Produktstrategien immer mehr im Vordergrund. Speziell in der Produktentwicklung muss immer häufiger vom Heimatmarkt auf potentielle Zielmärkte und deren Besonderheiten geachtet werden, um dem Produkt die Tauglichkeit zu einer Marktexpansion zu verschaffen. In diesem Zusammenhang wird immer häufiger das Konzept „think locally – act globally" genannt, welches auf die Wichtigkeit der unternehmensinternen Anwendung einer globalen „best practice" sowie einem Verständnis der lokalen Markteigenschaften hinweist[58]. Tiefergehende Betrachtungen in Bezug auf produktpolitische Maßnahmen werden an dieser Stelle nicht dargestellt, da diese am Fallbeispiel Rapso Rapsöl der Firma VOG in Kapitel 5 dieser Studie Anwendung finden.

2.6.2 Preispolitik

In den letzten Jahren konnte eine zunehmende Verschärfung des Preiswettbewerbes beobachtet werden. Grund hierfür sind die Globalisierung des Wettbewerbes, gesättigte Märkte, der Kampf um Marktanteile in gesättigten sowie in wachsenden Märkten und die durch das Internet ermöglichte steigende Transparenz der Produkte und Preise[59]. Speziell die erstmalige Preisbildung, sei es bei der Produktentwicklung, der Produkteinführung auf einem Auslandsmarkt oder der Aufnahme eines neuen Produktes in das Sortiment, stellt eine besondere Herausforderung für Unternehmen dar.

Die Preisentscheidung ist verschiedenen Einflussgrößen ausgesetzt, welche einerseits außerhalb, anderseits innerhalb des Unternehmens ihren Ursprung haben. Hierbei sind die festgesetzten strategischen und operationalen Marketingziele, die aus dem Marketing-Mix resultierenden Entscheidungen sowie die unternehmensspezifische Kosten- und Organisationsstruktur maßgebliche Faktoren bei der Determination des Preises. Als Beispiel kann das Ziel der Unternehmenssicherung, der Gewinnmaximierung, des Ausbaus des Marktanteiles oder der Qualitätsführerschaft genannt werden. Orientiert sich die Preisentscheidung nur an internen Größen, besteht die Gefahr am Markt vorbeizukalkulieren und einen zu geringen oder astronomisch hohen Preis festzusetzen. Aus diesem Grund muss stets die Markt- und Nachfragesituation, das Verhalten der Konkurrenz sowie jeglicher sonstiger eventuell maßgeblicher Einfluss aus dem wirtschaftlichen Umfeld genauestens beobachtet werden. Die folgende Abbildung 7 gibt einen Überblick über die verschiedenen Einflussgrößen auf die Preisbildung.

---

58 vgl. Czinkota / Ronkainen (2001): 473ff.

59 vgl. Kotler et al. (2007a): 762.

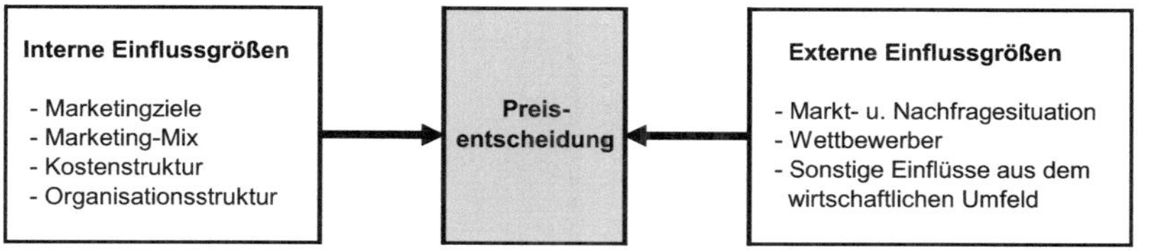

Quelle: Eigene Darstellung in Anlehnung an Kotler et al. (2007): 768.
Abbildung 7: Einflussgrößen auf die Preisentscheidung

Für den Kunden spielt die Relation zwischen dem Preis und der Qualität des Produktes eine wichtige Rolle bei der Kaufentscheidung. Dementsprechend ist es für die Attraktivität und in weiterer Folge für den Verkaufserfolg eines Produktes von enormer Bedeutung, dieses in der richtigen Kombination von Qualität und Preis auf dem Markt zu positionieren. Für viele Konsumenten ist jedoch der Preis ein erster Indikator für die Qualität eines Produktes. Wie hoch der empfundene Nutzen ist, wird bei Konsumgütern von mehreren Faktoren beeinflusst. Einflussgrößen auf den Preis sind hier die Produktqualität, diverse Genussaspekten, das vermittelte Image sowie das vom Käufer empfundene Prestige. Je höher der wahrgenommene Nutzen für den Konsumenten, desto größer ist der mögliche Preisaufschlag und somit der Preis und der Deckungs- bzw. Gewinnbeitrag[60].

Aus den Komponenten Preis und Qualität lassen sich neun verschiedene Strategiepositionierungen ableiten. Diese werden in der folgenden Abbildung 8 übersichtlich dargestellt. Die drei Hauptstrategien sind die Billigwarenstrategie (7) bei geringem Preis und geringer Qualität, die Premiumstrategie (3) bei jeweils hohem Preis und hoher Qualität sowie der Mittelfeldstragegie (5). Je nachdem in welche Richtung auf einer der beiden Achsen von der Diagonale abgewichen wird, wird von Vorteils- bzw. Übervorteilungsstrategien gesprochen.

---

60 vgl. Kotler et al. (2007b): 589.

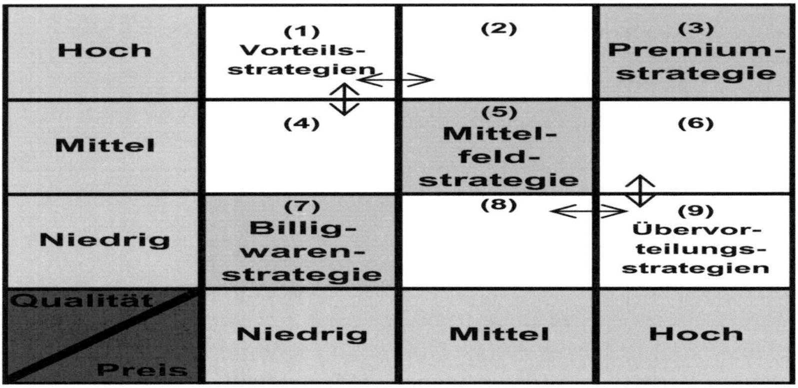

Quelle: Eigene Darstellung nach Kotler et al. (2007b): 590.

Abbildung 8: Strategiepositionen im Preis-Qualitäts-Wettbewerb

2.6.3 Distributions- und Konditionenpolitik

Entscheidungen über Distributionskanäle und den Vertrieb der Produkte beinhalten ein großes Potenzial zur Generierung von Wettbewerbsvorteilen. In vielen Branchen konnten durch die Neugestaltung bzw. Neukonzeptualisierung der Vertriebsorganisation die Karten aller Anbieter neu gemischt werden. Als Beispiel sei hier der Online-Vertrieb von Lebensmitteln genannt, der es ermöglicht per Internet die wöchentlichen Einkäufe per Mauklick bequem von zu Hause aus zu erledigen und diese sich liefern zu lassen.

Das Management der Versorgungskette, oder Supply-Chain, umfasst alle Aktivitäten, die körperliche und/oder wirtschaftliche Verfügungsmacht über materielle oder immaterielle Güter von einer Wirtschaftseinheit auf eine andere übergehen lassen. Das akquisitorische Distributionssystem beinhaltet das Management der Distributionswege und der Distributionskanäle. Das logistische Distributionssystem auf der anderen Seite befasst sich mit der Überbrückung von Raum und Zeit durch die Auswahl der richtigen Transportmittel und der Lagerung. Zusätzlich zu diesen beiden Unterscheidungen werden noch die Auftragsabwicklung und die Auslieferung als Bestandteil der Distributionslogistik definiert[61]. In diesem Zusammenhang muss die besonders wichtige Funktion der Kommunikation genannt werden. Speziell im internationalen Kontext ist der Informationsfluss über eventuelle Zwischenhändler für den Hersteller besonders wich-

[61] vgl. Backhaus / Voeth (2003): 828.

tig um über Änderungen der Konsumentenwünsche und –bedürfnisse schnellstmöglich informiert zu werden[62].

Prinzipiell lassen sich zwei Arten von Distribution unterscheiden: direkte und indirekte Distribution. Direkte Distribution liegt dann vor, wenn sich der Produzent direkt an den Endverbraucher wendet[63]. Dies geschieht im Normalfall durch Einsatz von Außendienstmitarbeitern, Agenten, Kommissionären oder per E-Commerce. Beim indirekten Absatz verkauft der Produzent seine Ware nicht an den Endkunden, sondern an einen Händler.

Unterscheidungsmerkmale im Bereich der Händler ergeben sich vor allem nach der Intensität der Vertragsbeziehungen. So lassen sich folgende Ausprägungsformen unterscheiden[64]:

- **Freelancer**: keine Bindung durch langfristige Verträge sondern Zusammenarbeit nur bei Bedarf.
- **Händler mit Vertriebsbindung**: erhält längerfristigen Vertrag und verpflichtet sich, die Produkte nur an ein bestimmtes Kundensegment zu liefern (z.B. geografische Abgrenzung); muss mit anderen Absatzpartnern rechnen, die ebenfalls dieselben Produkte des Herstellers vertreiben.
- **Händler mit Alleinvertriebsrecht**: erhält das Recht vom Produzenten, die Produkte in einem definierten Gebiet allein zu vertreiben.
- **Vertragshändlersystem**: ein rechtlich selbständiger Händler wird stark in das Distributionssystem eines Herstellers integriert; tritt am Markt wie ein Teil der Herstellerfirma auf.
- **Franchising-Beziehung**: stärkste vertragliche Integration eines Händlers im Absatzsystem des Herstellers; rechtlich unabhängig aber an Vorgaben des Franchisegebers gebunden (Name, Marke, Produkte, etc.).

Distributionssysteme können auch anhand der Zahl ihrer Stufen beschrieben werden.

Je nachdem wie viele Intermediäre im Distributionskanal zwischen dem Hersteller und dem Endverbraucher geschaltet sind, wird von Nullstufen-, Einstufen, Zweistufen-, Dreistufen-, usw. Kanälen gesprochen. Für kleine-

---

62 vgl. Czinkota / Ronkainen (2001): 425.

63 vgl. Backhaus / Voeth (2003), 834.

64 vgl. Ammann (2000), 43f.

re Hersteller von Lebensmitteln empfiehlt sich ein Zweistufenkanal mit der Zwischenschaltung eines Groß- und Einzelhändlers. Diese Konstellation ermöglicht dem Produzenten eine kostengünstige Betreuung einiger weniger Großhändler[65]. Die folgende Abbildung 9 zeigt die verschiedenen Ausgestaltungsmöglichkeiten der Absatzkanäle bei Gütern für Endverbraucher.

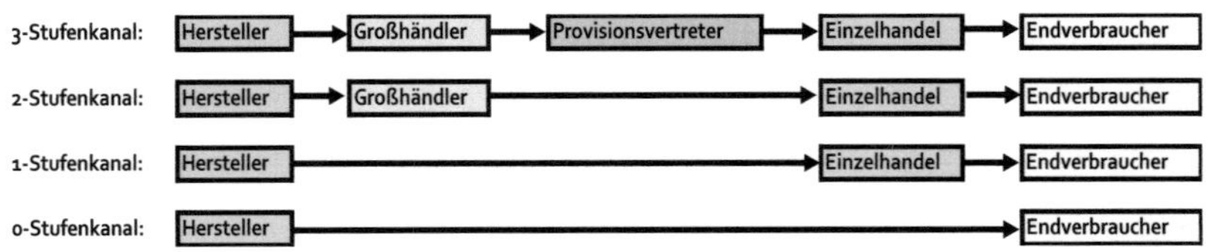

Quelle: Eigene Darstellung nach Kotler et al. (2007a): 1014.
Abbildung 9: Distributionskanäle bei Gütern für Endverbraucher

Beim Export empfiehlt es sich einen Großhändler, welcher über den Markt und seine Spezifika genauestens Bescheid weiß, als Intermediär einzuschalten. Ein Grund hierfür ist dessen Erfahrung über die jeweils einzigartige Struktur der lokalen Distributionskanäle, welche zu einem höheren Komplexitätsgrad führen[66]. Speziell in Märkten, welche eine vom Heimatmarkt abweichende Kultur und Sprache aufweisen, sollte diesem Distributionskanal Priorität eingeräumt werden.

2.6.4 Kommunikationspolitik

In der Vermarktung eines Produktes ist die Erstellung eines integrierten Marketingkommunikationssystems unumgänglich, welches in kohärenter Weise alle bisher getroffenen Entscheidungen über das Produkt, die Preisstrategie sowie dessen Distribution integriert und uniform über alle genutzten Kanäle kommuniziert. Dies ist besonders wichtig, da Kunden alle Botschaften, die ein Unternehmen aussendet, als eine einzige Gesamtbotschaft wahrnehmen. Sind die Botschaften, welche über unterschiedliche Medien kommuniziert werden, in sich unvereinbar, besteht die Gefahr, dass die Kunden ein undeutliches oder oft sogar widersprüchliches Bild wahrnehmen[67].

Der Kommunikationsprozess ist sehr komplex und die Wahrnehmung der Botschaft durch den Empfänger wird durch viele Faktoren beeinflusst.

65 vgl. Kotler et al. (2007b):1014f.
66 vgl. Kotler et al. (2007b): 1045.
67 vgl. Kotler et al. (2007a): 847.

Besonders im internationalen Kontext erweist sich die Decodierung der Botschaft um einiges komplizierter. Sprachbarrieren, divergierende kulturelle Wertvorstellungen, Kommunikationsinfrastruktur, Gesetze und Regierungskontrollen, Media- und Agenturverfügbarkeit, Werbe- und Marktkonkurrenz und die Werbetraditionen im Zielmarkt fungieren als Störsignale und verschärfen das Problem. Es ist in diesem Zusammenhang sicher zu stellen, dass trotz dieser Störfaktoren die Werbebotschaft von den umworbenen Kunden im Ausland entsprechend der festgelegten Werbeziele erhalten, entschlüsselt und verstanden wird[68]. Das Kommunikationsmodell von Shannon and Weaver verdeutlicht dies in folgender Abbildung 10 bildlich.

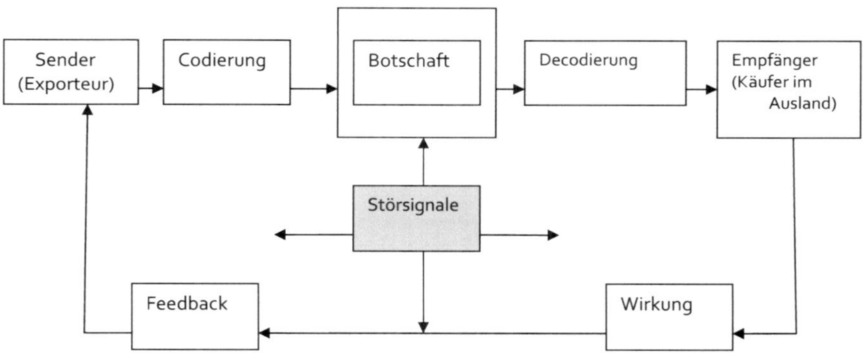

Quelle: Eigene Darstellung nach Springer (2003): 103.
Abbildung 10: Elemente im Kommunikationsprozess

Laut Kikoski beginnt effektive Kommunikation nicht beim Sender, sondern beim Empfänger, denn nur wenn die decodierte Nachricht richtig verstanden wurde, ist das Ziel erreicht worden. Aus diesem Grund sind im internationalen Kontext das Verständnis der jeweiligen Zielkultur und dessen Besonderheiten von besonderer Wichtigkeit[69].

Unternehmen haben die Möglichkeit auf verschiedene Kommunikationsinstrumente zurückzugreifen. Die wichtigsten sind die Werbung, die Verkaufsförderung, das Direktmarketing, die Öffentlichkeitsarbeit sowie die Verkaufsgespräche und die Außendienstbesuche und werden meist in den so genannten Kommunikations-Mix integriert. Die folgende Abbil-

[68] vgl. Springer (2003): 103.

[69] vgl. Kikoski (1993): 93.

dung 11 stellt das notwendige Zusammenspiel dieses Instrumentariums für eine erfolgreiche Kommunikation dar.

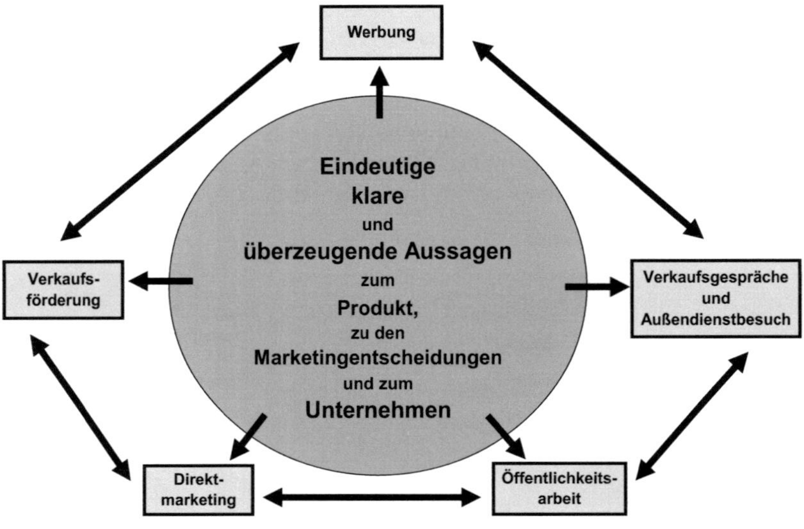

Quelle: Eigene Darstellung.
Abbildung 11: Das Konzept der integrierten Marketing-Kommunikation

Zur Werbung werden alle bezahlten Präsentationen und Darstellungen von Ideen oder Produkten gezählt. Diese werden meist in verschiedenen Medien geschaltet und erscheinen als Anzeigen in Printmedien, als Werbespot im TV oder als Banner im Internet. Die Verkaufsförderung beinhaltet kurzfristige Anreize am Point-of-Sale, welche zur kurzfristigen Ankurbelung des Absatzes dienen. Beispiele hierfür sind kleine Geschenkbons oder sofortige Preisreduktionen an der Kassa. Der Term Öffentlichkeitsarbeit oder auch Public Relations genannt, beschreibt die Tätigkeit, gute Beziehungen zu den am Unternehmen interessierten Gruppen aufzubauen. Das Direkt-Marketing bedient sich des Telefons, der Briefpost sowie E-Mails um direkten Kontakt zu ausgewählten Kunden zu pflegen und somit lang anhaltende Kundenbeziehungen aufzubauen. Je nachdem ob es sich um Konsum- oder Industriegüter handelt, variiert die den einzelnen Instrumenten zuerkannte Wichtigkeit im Absatzkommunikationsmix.

Für Konsumgüter ist die Werbung das wichtigste Instrument, gefolgt von der Verkaufsförderung und Public Relations[70].

Die Gestaltung einer effizienten Kommunikationsstrategie beginnt mit der Identifikation der Zielgruppe und der Analyse der Kaufmotive. Anschließend werden die Kommunikationsziele festgelegt. Diese können eine der folgenden Stadien vor dem Kauf betreffen, welche das Bewusstsein um die Existenz des Produktes, genaueres Wissen über die Produkteigenschaften, Sympathie, Präferenz, Überzeugung bezüglich der Überlegenheit des Produktes sowie letztendlich der Entschluss zum Kauf des Produktes, sein können.

In weiterer Folge wird die Botschaft, welche zur Erreichung der festgelegten Kommunikationsziele verwendet werden soll, bestimmt. Diese soll eindeutig und prägnant sein. Hierbei soll im Optimalfall Aufmerksamkeit, Interesse, ein Kaufwunsch und der Kauf selbst ausgelöst werden. Des Weiteren müssen Entscheidungen in Hinblick auf das zu veranschlagende Budget getroffen werden. In der Praxis sind folgende drei Ansätze verbreitet. Erstens wird soviel veranschlagt wie sinnvoll erscheint bzw sich das Unternehmen leisten kann. Zweitens wird das Budget mit Hilfe eines Prozentsatzes an den Umsatz der Vorperiode gekoppelt, oder drittens, werden die zukünftigen Ausgaben an jenen der Konkurrenz orientiert. Unabhängig davon, welchem Ansatz Priorität eingeräumt wird, sollte die Position innerhalb des Produktlebenszyklus und der Marktanteil des Produktes berücksichtig werden.

Ein weiterer Schritt ist die Entscheidung über die Belegung der Medien welche unter anderem anhand der Kriterien Reichweite, Frequenz bzw. Timing der Diffusion und Mediengattung getroffen wird. Als letzter Punkt wird die Methode zur Erfolgsmessung der Werbekampagne festgelegt[71]. Die Abbildung 12 ermöglicht einen Überblick über die wichtigsten Entscheidungen, die im Zusammenhang mit der Gestaltung von effektiven Werbeprogrammen stehen.

---

[70] vgl. Kotler et al. (2007b): 684.

[71] vgl. Kotler et al. (2007a): 851ff.

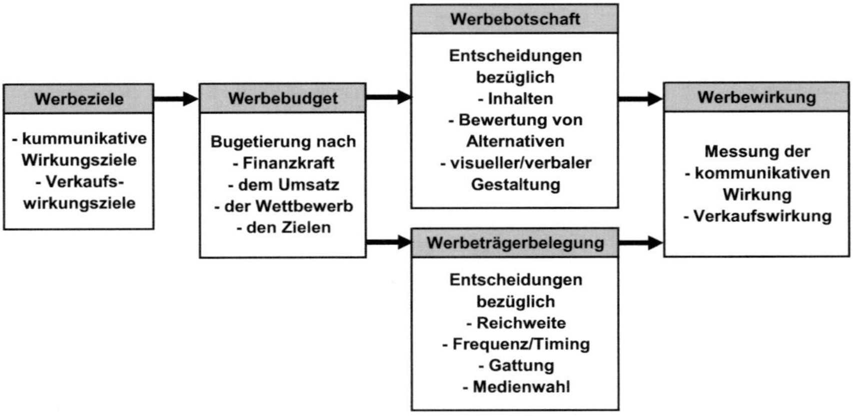

Quelle: Eigene Darstellung Kotler et al. (2007b): 702.
Abbildung 12: Wesentliche Entscheidungen im Werbemanagement.

3 Rapso – gentechnikfreies Qualitätsrapsöl

Das dritte Kapitel stellt die zu analysierende Unternehmensgruppe VOG sowie deren Produkt Rapso Rapsöl im Detail dar. Als Erstes wird die Unternehmensentwicklung anhand der Unternehmensgeschichte im Kapitel 3.1 dargelegt. Hierbei werden die wichtigsten Geschehnisse, welche sich seit der Unternehmensgründung ereignet haben, dargestellt.

Des Weiteren werden in Punkt 3.2 die Unternehmensstruktur anhand des Organigramms, die Umsatzentwicklung sowie die Exportentwicklung anhand aussagekräftiger Graphiken beschrieben. Anschließend werden die einzelnen Geschäftsfelder und die derzeit bearbeiteten Auslandmärkte behandelt.

Der Abschnitt 3.3 behandelt das gentechnikfreie Prämiumprodukt Rapso, für welches ausschließlich hochwertige Rapssaaten bei der Herstellung verwendet werden. In diesem Zusammenhang werden die Produktcharakteristika, das Herstellungsverfahren sowie die rigorosen Qualitätskontrollen näher behandelt. Des Weiteren wird die Verpackung dargestellt und die Vertriebsmärkte beschrieben.

3.1 Die Unternehmensgruppe VOG

Unter dem Leitsatz „Handel ist Wandel" operiert die Unternehmensgruppe VOG erfolgreich seit 1916.[72] Die VOG wurde mit dem Ziel gegründet, die damals herrschende Zuckerversorgungskrise während des ersten Weltkrieges zu überbrücken. Aus diesem Grund schlossen sich 21 Lebensmittelhändler zusammen um eine Einkaufsgemeinschaft zu bilden: die **V**-ereinigung **O**-berösterreichischer **G**-roßzuckerhändler mit Sitz in Linz, welche heute das im Folgenden dargestellte Logo verwendet.

Nach Ende der Zeit der Unterversorgung wäre der Gründungszweck der VOG erfüllt gewesen. Aufgrund des guten Geschäftsganges wurde jedoch

72 vgl. VOG AG (2006): 2.

entschieden das Unternehmen weiterzuführen und ein neues Betätigungsfeld hinzuzufügen. 1929 wurde der Zuckerhandel um klassische Kolonialwaren ergänzt, welche von Übersee über den Hamburger Hafen nach Linz transportiert werden. Eine im selben Jahr angeschaffte Gewürzmühle samt Abpackvorrichtung ermöglichte eine interessante Geschäftsausweitung, da der VOG das Alleinvertriebsrecht in ganz Oberösterreich zuerkannt wurde. Im Jahr 1932 wurde die Wort-Bildmarke PLUTO als Warenzeichen für alle Packartikel eingetragen und erreichte im Folgenden einen hohen Bekanntheitsgrad bei Margarine und Seife. Das Geschäft mit Zucker bildete nach wie vor einen wichtigen Teil des Gesamtgeschäftes und trug in großem Ausmaß zur Überdauerung der Weltwirtschaftskrise sowie der Zeit des zweiten Weltkrieges bei.

In den folgenden Jahren verlief das Wachstum kontinuierlich und nach einer ersten Übersiedlung 1951, wurde 1965 ein neues Betriebsgebäude in Linz-Wegscheid errichtet und bezogen. Es umfasste neben den Büroräumen ein eigenes Zolllager für Transitgüter, eine Bananenreifeanlage, einen Packbetrieb samt Mühle für Gewürze, eine automatische Honigabfüllanlage, eine vollautomatische Kartonabpackmaschine für Hülsenfrüchte und Sämereien sowie eine Weinkellerei.

Anfang der 60er Jahre wurde der Beschluss gefasst, das Geschäft auf Nicht-Gesellschafter auszuweiten. Diese Entscheidung war notwendig, da sich die Landschaft des Handels in Österreich durch das Aufkommen von Handelsketten und Selbstbedienungsläden gravierend geändert hat. Die VOG erkannte diese Entwicklung früh und entwickelte sich zu einem führenden Anbieter von Funktionen im Rahmen des Importgeschäftes. Ein weiterer Entwicklungsschritt der VOG war die Übernahme vieler Generalvertretungen von internationalen Markenartikeln für den österreichischen Markt. 1969 wurde der Grundstein für das Geschäft mit Getränken und Non-Food gelegt. Im Gegenzug dazu wurde jedoch der Gewürz-, Honig- und Hülsenfrüchtebereich Spezialisten überlassen.[73]

Zu Beginn der 70er Jahre wurde eine eigene Tochterfirma zur Organisation der Speditionsaufgaben, die Vogtrans Speditions GmbH, gegründet. Danach ging die Expansion, welche mit dem Erwerb der steirischen Firma Packdienst begann, mit dem Ankauf des Großhandelslagers in Tirol und der Gründung der Getränkehandelshaus GmbH fortgesetzt wurde, kontinuierlich weiter. Des Weiteren wurden alle internationalen Vertretungen der VOG in der dafür gegründeten Handelsagentur Transagent gebündelt.

---

73 vgl. VOG (2006): 5.

Mit der Gründung der Westside Austria Ltd. in Hongkong wurde 1984 der erste Schritt in Richtung Internationalisierung der VOG gesetzt. [74] Dieses Einkaufsbüro wurde zum Ankauf von Non-Food Produkten eingesetzt. Nach dem Fall des Kommunismus wurden die sich bietenden Chancen offensiv von VOG genützt. 1989 wurde in der Stadt Bük in Westungarn gemeinsam mit dem österreichischen Molkereiverband eine Fabrik zur Herstellung von Tiernahrung, welche unter der Marke Darling vermarktet wurde, errichtet. Dieses Investment stellte sich als sehr erfolgreich heraus und konnte 1997 an die Firma Nestlé verkauft werden. Maßgeblich für die weitere Entwicklung der VOG war der Erwerb der Weinkellerei Lenz Moser 1986, die im Laufe der Zeit zur größten Weinkellerei Österreichs ausgebaut wurde und die erste Erfahrung im Bereich der Lebensmittelproduktion darstellte. Um die starke Position der VOG im Bereich Trockenfrüchte, Konserven und Feinkost abzusichern, wurde im Jahr 2000 der Wiener Markenartikelhersteller Imgro übernommen und in die Unternehmensgruppe eingegliedert.[75]

Der Beitritt Österreichs zur Europäischen Union zog einschneidende außenhandelsrechtliche Veränderungen nach sich und erforderte eine Anpassung an die sich neu gestaltenden Rahmenbedingungen. Die VOG reagierte auf die sich ändernde Handelsszene mit einer Neuformulierung ihrer Unternehmensstrategie. Die neuen Schlagwörter lauten Konzentration und Internationalisierung. Die VOG sah den fortwährenden Unternehmenserfolg in einem verstärkten Engagement in der Herstellung eigener Produkte und Marken sowie im Aufbau und der intensiven Bearbeitung von Auslandsmärkten. Dieser Strategie wurde 1993 erstmals mit der Übernahme der Ölmühle in Aschach Rechnung getragen. In dieser Mühle wird das Prämiumprodukt Rapso – 100% reines Rapsöl hergestellt, welches seither als erfolgreicher Markenartikel international verkauft wird.

Des weiteren wurden seit 1990 in Ungarn, Tschechien, Polen, Deutschland und der Slowakei Vertriebstöchter gegründet um diese Auslandsmärkte, in denen 150 Millionen Menschen leben, verstärkt bearbeiten zu können. Die Fokussierung auf Auslandsmärkte scheint erfolgreich, da im Jahr 2005 bereits um die 35 % des Gesamtumsatzes der VOG Gruppe im Ausland erwirtschaftet wurden.

Die Tabelle 2 gibt einen Überblick über die Entwicklung der Unternehmensgruppe VOG und stellt die wichtigsten Markpunkte der Unternehmensgeschichte übersichtlich dar.

---

[74] vgl. VOG (2006): 16.

[75] vgl. VOG (2006): 11.

1916	Gründung der VOG-Gruppe
1929	Import von Kolonialwaren, Anschaffung einer Gewürzmühle samt Abpackungsvorrichtung
1932	Eintragung der Wort-Bildmarke PLUTO
1965	Neues Betriebsgebäude in Linz-Wegscheid mit Zolllager, Bananenreifeanlage, Honigabfüllanlage, Packbetrieb samt Gewürzmühle, Weinkellerei
1969	Spezialisierung auf Funktionen im Rahmen des Importgeschäftes, Fokus auf Geschäft mit Getränken und Non-Food
1970er	Gründung der Tochterfirma Vogtrans Speditions GmbH, Erwerb der Firma Packdienst, Ankauf eines Großhandelslagers für die Tochterfirma Transagent, Gründung der Getränkehandelshaus GmbH
1984	Erste Auslandsaktivität mit Gründung der Westside Austria Ltd. in Hongkong zum Einkauf von Non-Food Produkten
1986	Einstieg in die Lebensmittelproduktion mit der Übernahme der Weinkellerei Lenz Moser
1989	Errichtung einer Fabrik für Tiernahrung in Bük, Westungarn, Marke Darling
1990er	Umwandlung der VOG in die Rechtsform AG Doppelstrategie: Konzentration und Internalisierung Gründung von Vertriebstöchtern in Ungarn, Tschechien, Deutschland, Polen und der Slowakei
1993	Ankauf der Ölmühle in Aschach, Einführung des Premiumproduktes RAPSO – 100% reines Rapsöl
1997	Verkauf der Tiernahrungsmittelfabrik in Bük an Nestlé
2000	Erwerb der Firma Imgro

Quelle: eigene Darstellung.
Tabelle 2: Entwicklung der Unternehmensgruppe VOG.

3.2 Unternehmensstruktur, Umsatzentwicklung, Geschäftsfelder, Auslandsmärkte

Die Unternehmensgruppe VOG wurde 1991 von einer GmbH in eine Aktiengesellschaft mit Sitz in Linz umgewandelt, welche sich im Besitz von fünf Gesellschaftern befindet. Der Unternehmenszweck der AG ist die

Einfuhr und der Großhandel mit Lebensmitteln und Bedarfsgütern. Des Weiteren befinden sich zwölf Tochter- und Enkelgesellschaften im Besitz der VOG AG, wobei sich sechs im Ausland befinden. Die Abbildung 13 stellt das Organigramm stellt die Unternehmensgruppe VOG sowie die einzelnen Besitzverhältnisse graphisch dar.

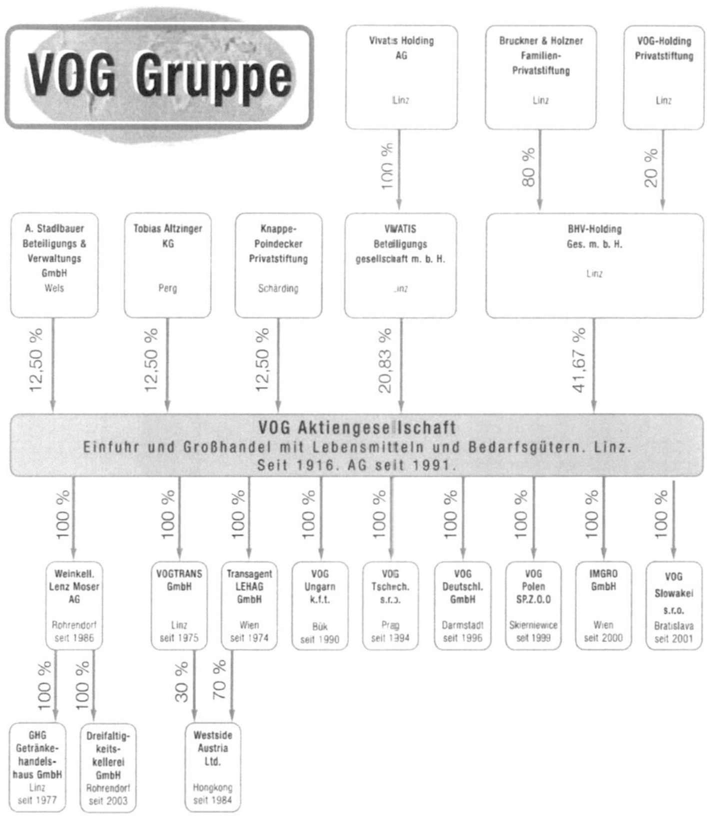

Quelle: VOG AG (2006): 8.
Abbildung 13: Organigramm Unternehmensgruppe VOG.

Die Unternehmensgruppe VOG beschäftigte im Jahr 2005 463 Mitarbeiter, davon 309 in Österreich. Seit 1995, also dem Beitritt Österreichs zur Europäischen Union und dem Beginn der Internationalisierung des Unternehmens, stieg der Mitarbeiterstand um 15 Prozent an. Wie in der Abbildung 14 ersichtlich, ist auch der Unternehmensumsatz seit Mitte Ende der Achtziger Jahre deutlich angestiegen. Es konnte eine Steigerung von plus 300 Prozent zwischen 1985 und 2005 verzeichnet werden.76

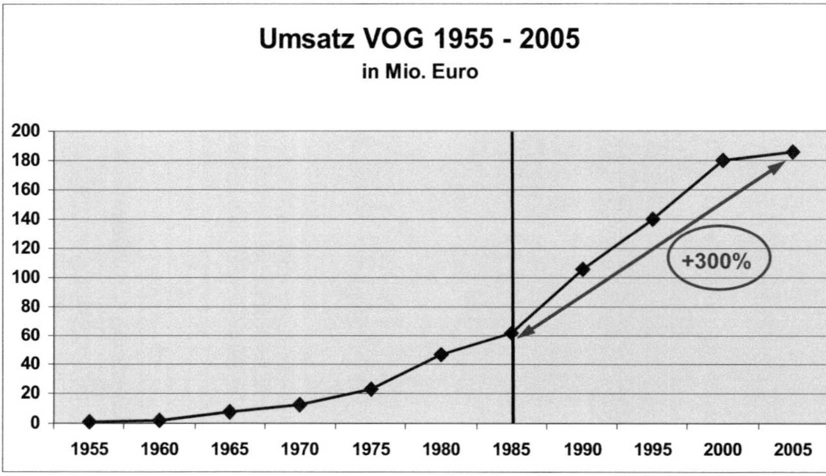

Quelle: eigene Darstellung.
Abbildung 14: Umsatzentwicklung VOG 1955– 2005.

Diese positive Entwicklung lässt sich auf die gesteigerten Exportumsätze zurückführen und zeigt, dass die Strategie der Internationalisierung Erfolg hatte. Diese Behauptung lässt sich mit der rasanten Entwicklung des Exportanteils beweisen. Im Jahr 1994 lag der Exportanteil am Gesamtumsatz bei neun Prozent. Dieser konnte innerhalb von neun Jahren auf 35 Prozent gesteigert werden. Dies entspricht einem Anstieg von 500 Prozent. Die Abbildung 15 stellt diese Entwicklung graphisch dar und bietet einen Überblick über die gesamte Umsatzentwicklung in der Periode von 1994 bis 2005.[77]

---

76 vgl. VOG AG (2006): 7.

77 vgl. VOG AG (2006): 7.

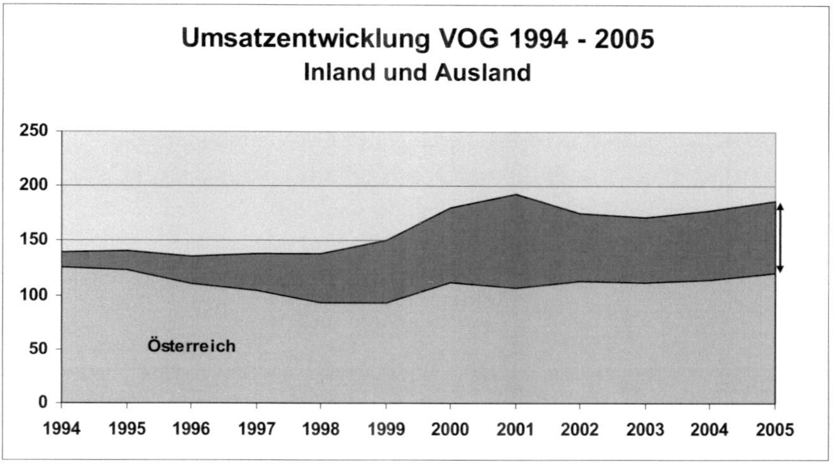

Quelle: eigene Darstellung.

Abbildung 15: Umsatzentwicklung VOG 1994 – 2005 Inland und Ausland.

Die Unternehmensgruppe VOG vertreibt zirka 6000 Produkte, welche in vier Geschäftsfelder gegliedert sind:

- Food
- Non-Food
- Wein und Spirituosen
- Speiseöl

Der Geschäftsbereich „Food" trägt zum größten Teil, nämlich mit 43 Prozent, zum Gesamtumsatz bei. Hierbei handelt es sich unter anderem um den Handel mit Obst- und Gemüsekonserven, Trockenfrüchten, Backzutaten, ... der Tochterfirmen Imgro und Transagent Lehag.

Mit jeweils 22 Prozent liegen die beiden Geschäftsbereiche „Wein und Spirituosen" und „Non-Food" gleich auf. Die Weinkellerei Lenz Moser, welche seit 1986 Teil der VOG Unternehmensgruppe ist, produziert und vertreibt Weine für den österreichischen als auch für den ausländischen Markt. Derzeit sind bereits 30 Prozent der Weinproduktion für den Export bestimmt. Die Getränkehandelshaus GmbH vertreibt hochprozentige Spirituosen. Der Begriff Non-Food umfasst unter anderem den Handel mit Camping- und Sportartikeln, Spielwaren, Haushaltswaren und Textilien. Diese werden über das Hongkonger Einkaufsbüro bezogen und unter den Eigenmarken Westside sowie Jeton vertrieben.

Obwohl Speiseöl, speziell der Vertrieb von italienischem Olivenöl bereits lange vor der Investition in Aschau Bestandteil des Sortiments darstellte, konnte der Speiseölabsatz seit dem Ankauf der Ölmühle Aschau im Jahr 1993 signifikant gesteigert werden und stellt mit einem 13-prozentigen Umsatzbeitrag mittlerweile einen eigenen Geschäftsbereich dar.[78]

Die Abbildung 16 stellt die Geschäftsbereiche anschaulich in Bezug auf deren Anteil am Gesamtumsatz im Jahr 2004 dar.

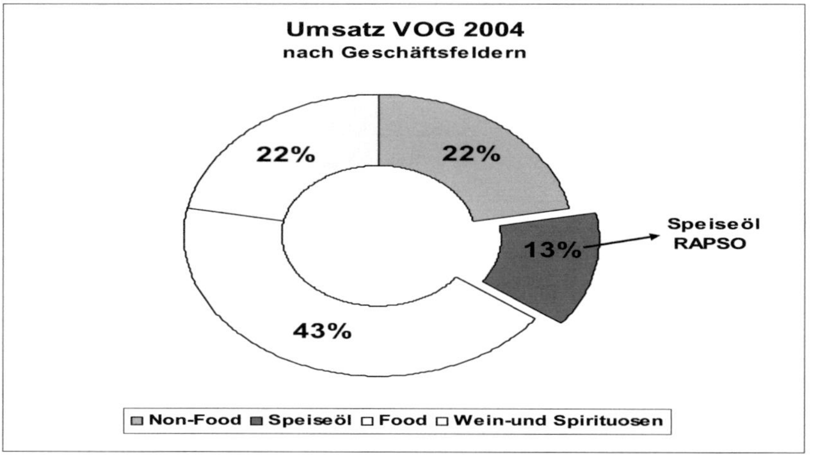

Quelle: eigene Darstellung.
Abbildung 16: Umsatz VOG 2004 nach Geschäftsfeldern.

3.3 Rapso – 100 % reines, gentechnikfreies Rapsöl

Bereits Mitte der Neunziger Jahre erhitzte die Debatte um die Verwendung gentechnisch veränderter Nahrungsmittel die Gemüter der europäischen und österreichischen Konsumenten. Auslöser war die Einfuhr gentechnisch veränderter Sojabohnen aus den USA nach Europa[79].

Umfragen zufolge waren viele Konsumenten verunsichert und eine breite Mehrheit lehnte den Verzehr gentechnisch veränderter Lebensmittel ab. Diese negative Einstellung hat sich bis heute nicht geändert und beherrscht noch immer die öffentliche Debatte in Österreich[80], sowie im übrigen Europa. Speziell in Frankreich ist diese Thematik hochaktuell und

---

78 vgl. VOG AG (2006): 7.

79 vgl. VOG (2007c).

80 vgl. Müller (2006).

auch im Wahlprogramm einiger Kandidaten zum Präsidentenamt enthalten.[81] Die VOG beschäftigte sich zu dieser Zeit bereits mit dem Thema und beschloss, ein Produkt zu entwickeln, welchem die Konsumenten Vertrauen schenken können

In Zusammenarbeit mit der Landwirtschaftskammer Oberösterreich und der Saatbau Linz wurde das Projekt entwickelt, ein qualitativ hochwertiges Speiseöl herzustellen. Es handelt sich hierbei um ein 100 % reines Rapsöl, welches unter der Marke

Rapso

vertrieben wird. Die Besonderheit dieses Speiseöles ist, abgesehen von den generell besonders wertvollen Eigenschaften von Rapsöl, die Garantie, dass bei der Herstellung keine gentechnisch veränderten Rapssaaten verwendet werden.[82] Der Raps der hierfür verwendet wird, stammt ausschließlich aus Vertragsanbau. Die Garantie erfolgt über eine geschlossene Kontrollkette. Diese beginnt bei der Saatzucht, setzt sich bei den Vertragsbauern und den Übernahmestationen fort und findet in der Ölmühle ihr Ende. Das Saatgut stammt ausschließlich von der Saatbau Linz, einem erfahrenen Saatguterzeuger und Ernteware wird nur von anerkannten Flächen übernommen. Zur rigorosen Qualitätskontrolle und -sicherung dient ein eigens dafür eingerichtetes Labor, welches die Einhaltung der Qualitäts- und Sorgfaltspflichten aller Beteiligten überprüft.[83]

Hierfür wird mit einem Zertifikat garantiert und der Wortlaut „Rapso OHNE GENTECHNIK" findet sich als Wort-Bildmarke, wie im Folgenden abgebildet, auf der Verpackung wieder.

81 vgl. Dupont (2007).
82 vgl. VOG (2007a).
83 vgl. VOG (2007c).

Die VOG hat seit dem Kauf der Ölmühle in Aschach 1993 in großem Ausmaß in technische Verbesserungen investiert. Dies war ein weiter Schritt der VOG in der Bestrebung, die Entwicklung und das Engagement im Lebensmittelsektor, also dem Geschäftsbereich „Speiseöl", zu forcieren. Die Mühle wurde auf die Verarbeitung von Rapssaat spezialisiert und hat eine jährliche Kapazität von rund 40.000 Tonnen.

Die Pressung der Rapssaaten erfolgt über physikalische Verfahren in einer Schneckenpresse nach einer Anquetschung und einer kurzzeitigen Erwärmung auf knapp 100 °C. Anschließend wird das Öl mittels Zentrifugen und Filter von Fest- und Trübstoffen gereinigt und der Raffination unterzogen. Dieser Prozess ist ein speziell entwickeltes Destillationsverfahren, welches den Einsatz von Chemie zur Trennung von freien Fettsäuren und Öl erübrigt.[84] Die Warmpressung ermöglicht, den starken Eigengeschmack des Rapsöles zu beseitigen und die Haltbarkeit zu verlängern.

Die positiven Eigenschaften des Rapsöles sind in Rapso erhalten und bieten somit gesundheitsbewussten Konsumenten die Möglichkeit, gentechnikfreies gesundes Rapsöl zur Ernährung zu verwenden. Rapso ist geschmacksneutral und ist universell für alle Bereiche der kalten und warmen Küche einsetzbar[85]. Obwohl oft davon ausgegangen wird, dass Olivenöl das gesündeste pflanzliche Speiseöl ist, wird es von Rapsöl sogar in der Zusammensetzung einzelner Parameter übertroffen. Mit über 60 Prozent einfach ungesättigten Fettsäuren, über 30 Prozent mehrfach ungesättigten Fettsäuren und nur sechs Prozent gesättigten Fettsäuren weist Rapso besonders positive Gesundheitsaspekte auf. Des Weiteren ist Rapso cholesterinfrei und somit speziell für Konsumenten mit Problemen in diesem Bereich empfehlenswert. Einerseits hilft der hohe Anteil an einfach ungesättigten Fettsäuren das gefährliche LDL (Low Density Lipoprotein) zu senken und erhöht andererseits das positive HDL (High Density Lipoprotein).[86]

Die Tabelle 3 bietet einen Überblick über die Zusammensetzung einzelner Speisefette, die hauptsächlich in den Regalen erhältlich sind.

---

84 vgl. VOG (2007a).
85 vgl. VOG (2007b).
86 vgl. VOG (2007b).

Speisefette	Cholesterin	Fettsäuregehalt auf 100% normalisiert			
Rapso-100% reines Rapsöl	0	6%	20%	10%	64%
Sonnenblumenöl	0	11%	65%		24%
Maiskeimöl	0	13%	56%	1%	30%
Olivenöl	0	14%	8%	1%	77%
Sojaöl	0	15%	54%	7%	24%

mehrfach ungesättigte Fette

Gesättigte Fette – Linolsäure – Alpha-Linolensäure (Eine Omega-3 Fettsäure) – einfach ungesättigte Fette

Quelle: VOG (2007b).
Tabelle 3: Vergleich von Speisefetten.

Rapso ist in zwei Packungsgrößen erhältlich. Zum einen werden recyclebare grüne Glasflaschen mit einer Füllmenge von 750 Milliliter verkauft. Aufgrund des dunklen Glases wird das im Öl enthaltene Vitamin E vor Lichteinfall geschützt und die Haltbarkeit verlängert.[87] Zum anderen werden auch Uniboxen mit 10 Liter Inhalt angeboten.[88] Somit kann sowohl der Bedarf eines kleinen Haushaltes, einer Großfamilie als auch jeder der Gastronomie optimal gedeckt werden.

Das Design der Etikette, welche auf die Glasflasche geklebt wird, ist mit dem Design der Unibox identisch. Es wird stets ein blühend gelbes Rapsfeld vor blauem Himmel dargestellt.

Es sind jeweils der Schriftzug Rapso 100% reines Rapsöl
der Hinweis „cholesterinfrei"

87 vgl. VOG AG (2006): 13.
88 vgl. VOG (2007f).

die Inschrift „Natürlich aus Österreich" sowie
das Logo „Rapso OHNE GENTECHNIK" ident.

Seit der Markteinführung auf der Messe Anuga 1995 kann Rapso auf einen Verkaufserfolg sowohl auf dem österreichischen Markt, als auch auf ausländischen Märkten zurückblicken. Im Jahr 2005 gingen 76 Prozent der Produktion in den Export[89]. Rapso ist derzeit in 13 Ländermärkten erhältlich. Neben den europäischen Märkten Österreich, Deutschland, Ungarn, Tschechien, Slowakei, Polen, Italien, Malta, Irland, Dänemark und Norwegen ist es ebenfalls in Australien und dem Iran erhältlich. Rapso wird in Italien, Malta, Irland, Dänemark, Norwegen, Australien und im Iran von jeweils von einem Partnerunternehmen mit Exklusivvertriebsrecht vertrieben. Bei den anderen Ländern handelt es sich um Vertriebstöchter der VOG[90].

---

89 vgl. VOG AG (2006): 13.

90 vgl. VOG (2007d).

4 Das Potenzial des Segments für gentechnikfreies Rapsöl in Frankreich

Im Kapitel vier wird der Zielmarkt Frankreich untersucht um festzustellen, ob dieser Ländermarkt ein Potenzial für einen Markteintritt mittels Export bietet. Im Punkt 4.1 wird zuerst der französische Markt anhand der PEST - Analyse dargestellt, welche bereits im Kapitel zwei theoretisch behandelt worden ist. Hierbei werden nach einem allgemeinen Überblick und einer geographischen Beschreibung die politischen, ökonomischen, sozialkulturellen und technologischen Umfeldbedingungen systematisch betrachtet.

Der französische Markt für Öle und Fette wird im Kapitel 4.2 beschrieben. Hier werden die aktuellen Markttrends, das Marktvolumen sowie seine Entwicklung, die Marktteilnehmer und Marken dargestellt. Des Weiteren wird ein Ausblick für die zukünftige Marktentwicklung gegeben.

Das Zielsegment, auf welches die Marketingstrategie fokussieren soll, wird im Abschnitt 4.3 beschrieben. Hierbei werden zuerst die Produktcharakteristika dargelegt. Anschließend wird die Zielgruppe anhand ihrer Eigenschaften beschrieben.

Die Analyse untermauert die Hypothese, dass Frankreich ein Potenzial für die weitere Internationalisierung des gentechnikfrei hergestellten Rapsöles RAPSO für die Firma VOG bietet. Als Konsequenz wird der Markteintritt mittels Export empfohlen.

4.1 Frankreich – ein Markt mit Potenzial für Rapso

Frankreich, La République française oder La France, ist eine demokratische zentralistische Republik im Westen Europas und grenzt an Belgien, Luxemburg, Deutschland, Schweiz, Italien, Monaco, Andorra und Spanien. Mit einer Gesamtfläche von rund 550.000 km² ist Frankreich das flächenmäßig größte Mitgliedsland der Europäischen Union[91]. Frankreich hat Meereszugänge zur Nordsee, dem Ärmelkanal, dem Atlantik und dem Mittelmeer[92] und verfügt deshalb über einen ausgedehnten Küstenraum mit einer Länge von ca. 5500 km, wie Abbildung 17 wie folgt zeigt.

---

91 Französisches Außenministerium (2007a).

92 Französische Botschaft (2007).

Quelle: Europäische Union (2007).

Abbildung 17: Landkarte Frankreich.

Zwei Drittel der Gesamtfläche bestehen aus Ebenen. Die wichtigsten Gebirge sind nach den Alpen, die mit dem Mont Blanc den höchsten Berg Westeuropas stellen, die Pyrenäen, Jura Ardennen, Zentralmassiv und Vogesen. In Frankreich sind drei Klimazonen anzutreffen. Diese umfassen das atlantische Klima im Westen, das mediterrane Klima im Süden und das kontinentale Klima in Zentralfrankreich sowie im Osten. Viele Flüsse durchziehen das Land und münden in die angrenzenden Meere. Die größten Ströme sind die Seine, Loire, Garonne und die Rhône, welche an ihren Meeresmündungen wichtige Häfen aufweisen[93].

Paris ist die Hauptstadt des Staates und liegt in der Region Ile-de-France, welches mit ca. 12 Millionen Einwohnern, das am dichtesten besiedelte Gebiet des Landes darstellt. Mit einer Gesamtbevölkerung von 63,4 Millionen im Jahr 2006 stellt Frankreich nach Deutschland das bevölkerungsstärkste Mitgliedsland der Europäischen Union dar[94].

Frankreich ist in 26 Regionen unterteilt, wovon 22 in Kontinenalfrankreich liegen. Bei den übrigen vier Regionen handelt es sich um Guadeloupe, Martinique, Guayana und Réunion, welche als Übersee-Departements (DOM) bezeichnet werden. Hinzu kommen fünf Übersee-Gebietskörperschaften (TOM), welche Französisch-Polynesien, Neukale-

---

93 Französisches Außenministerium (2007a).

94 Richet-Mastain (2007).

donien, Wallis und Futuna, die Französischen Süd - und Antarktisgebiete sind[95]. Des Weiteren gehört eine Gebietskörperschaft in Neukaledonien zur französischen Republik. Die 22 Regionen sind in 96 Departements untergliedert und umfassen 36782 Gemeinden. In Frankreich gibt es 73 städtische Einzugsgebiete, die mehr als 100.000 Einwohner aufweisen. Die fünf größten städtischen Gebiete sind in Tabelle 4 dargestellt und sind Paris, Lyon, Marseille-Aix-en-Provence, Lille et Toulouse[96]:

Einzugsgebiete 2003	Einwohner in Millionen
1. Paris	11,2
2. Lyon	1,7
3. Marseille-Aix-en-Provence	1,5
4. Lille	1,2
5. Toulouse	1,0

Quelle: eigene Darstellung, Französisches Außenministerium (2007a).

Tabelle 4: Bevölkerung der Einzugsgebiete 2003.

Frankreich ist ein laizistischer Staat, was bedeutet, dass Religion und Staat getrennt sind. Die Bevölkerung Frankreichs umfasst einen großen Anteil Laizisten, ist jedoch zum Großteil römisch-katholisch. Des Weiteren verfügt Frankreich über die größte muslimische Minderheit Europas, die auf ungefähr fünf Millionen Menschen geschätzt wird sowie über eine jüdische Gemeinde, die ungefähr 600.000 Menschen umfasst[97]. Frankreich besitzt eine äußerst breit gefächerte kulturelle Diversität, da viele Menschen aus den ehemaligen Kolonien nach Frankreich immigriert sind und somit ihren Kulturinput geleistet haben. Ferner sind auch Menschen aus fast allen Teilen der Welt, speziell in der Hauptstadt, anzutreffen.

Der Wahlspruch Frankreichs lautet „Freiheit, Gleichheit, Brüderlichkeit" und die Nationalhymne wird „La Marseillaise" genannt. Die französische Flagge besteht, wie in Abbildung 18 dargestellt, aus drei gleich breiten farbigen Streifen und wird deshalb auch „drapeau tricolore" genannt. Dieses Erkennungszeichen wird seit der französischen Revolution als Symbol Frankreichs verwendet. Die Farben Frankreichs sind dementsprechend blau, weiß und rot, wie Abbildung 18 zeigt.

95 Französische Botschaft (2007).

96 Französisches Außenministerium (2007a).

97 Hervieau-Léger (2001): 1.

Quelle: Elysée (2007a).
Abbildung 18: Französische Nationalfahne.

4.1.1 Das politische Umfeld Frankreichs

An der Spitze des Staates der 5. Republik[98] steht der Präsident, welcher mit dem Premierminister regiert. Die Legislaturperiode beträgt fünf Jahre[99]. Bis zu den Präsidentschaftswahlen im Mai 2007 war Jacques Chirac das Staatsoberhaupt und der Regierungschef war Premierminister Dominique de Villepin[100]. Seit den letzten Präsidentschaftswahlen ist Nicolas Sarkozy der neue Präsident Frankreichs[101]. Die politischen Parteien sind von kommunistisch bis rechtsextrem anzutreffen. Zur Wahl als Staatsoberhaupt, die durch direkte Wahl in zwei Wahlgängen stattfindet[102], kann jeder volljährige Franzose bzw. jede volljährige Französin antreten. Die Voraussetzung ist die Unterstützung von mindestens 500 gewählten Vertretern, meist Bürgermeistern[103].

Frankreich ist eines der Gründungsmitglieder der Europäischen Union, Mitglied der OECD, der WTO, der Weltbank, des IWF sowie vielen anderen diplomatischen Vereinigungen. Frankreich verfügt in vielen ehemaligen Kolonialländern noch immer über Einfluss, welcher durch die Vereinigung „Francophonie" gepflegt wird. Derzeit sind 55 Staaten mit 177 Millionen Menschen Mitglied in der Internationalen Organisation der frankophonen Länder[104].

Als Vollmitglied der EU ist Frankreich an die europäische Unionspolitik in Bezug auf wirtschaftliche und politische Angelegenheiten gebunden. Aus diesem Grund sind innerhalb der Zollunion keine Handelshemmnisse gegeben und der gesamteuropäische Binnenmarkt ist demnach dem In-

98 The Economist (2007).
99 Auswärtiges Amt Deutschland (2007);
100 WKO – Länderprofil Frankreich (2006):1.
101 Chimelli (2007).
102 Elysée (2007b).
103 LeMonde (2007a).
104 Francophonie (2007).

landsmarkt gleichgestellt. Als Währung fungiert die europäische Einheitswährung EURO seit seiner Einführung. Des Weiteren findet das europäische Kartellgesetz Anwendung.

In der zweiten Hälfte des 20. Jahrhunderts folgte eine aktive Beschäftigungspolitik um die nach Umstrukturierung einzelner Wirtschaftssektoren verursachte Massenarbeitslosigkeit einzudämmen. Hierbei wurden staatlich unterstützte Arbeitsförderungsprogramme eingesetzt. An dieser Stelle muss erwähnt werden, dass fast ein Viertel der französischen arbeitenden Bevölkerung im Staatsdienst steht[105]. Seit den 1990er Jahren wird eine Strategie umgesetzt, welche auf zwei Achsen beruht. Zum einen wird die Arbeitszeit reduziert und zum anderen werden die Lohnnebenkosten durch Senkung der Sozialabgaben gesenkt. Die Effizienz dieser Maßnahme ist jedoch umstritten und hat im Jahr 2002 bereits zu einer Lockerung des 35-Stunden-Gesetzes geführt[106]. Der Präsidentschaftskandidat 2007 Nicolas Sarkozy bezeichnete die 35-Stunden-Arbeitswoche als „ökonomische Katastrophe"[107].

4.1.2 Das ökonomische Umfeld Frankreichs

Frankreichs stellt 2005 mit einem Bruttoinlandsprodukt von USD 2.126,63 Milliarden (EUR 1.710 Milliarden[108]) die sechstgrößte Wirtschaftsmacht der Welt dar[109] und wird laut deutschem Institut für Wirtschaft bereits 2035 aufgrund der höheren Geburtenrate Deutschland als größte Wirtschaftsmacht Europas abgelöst haben[110]. Die bedeutendste Wirtschaftssektoren sind die Automobilindustrie, die Luft- und Raumfahrt, Eisen und Stahl sowie der Modesektor. Das Bruttoinlandsprodukt pro Kopf lag 2005 bei EUR 26.223 und soll 2006 EUR 26.747 betragen. Das Wirtschaftswachstum betrug 1,2% im Jahr 2005 und soll laut Prognose 2006 2,2% erreichen. Die Inflationsrate lag bei 1,8% 2005 und bleibt 2006 konstant bei diesem Wert. Laut Schätzungen soll die Arbeitslosigkeit 2006 um 1,2 Prozentpunkte auf 8,8% im Vergleich zum Vorjahr sinken[111]. Die wirtschaftspolitischen Herausforderungen in der mittleren Frist sind die Reduktion des Budgetdefizits sowie eine Verringerung der Arbeitslosigkeit, die selbst gemessen an EU-Standards, relativ hoch ist[112]. Bemerkenswert

---

105 Thornhill (2007).
106 Französisches Außenministerium (2007b).
107 Thornhill (2007).
108 INSEE (2007b).
109 Weltbank (2007).
110 Der Tagesspiegel (2007).
111 WKO (2006): 1.
112 The Economist (2007).

ist in diesem Zusammenhang die hohe Jugendarbeitslosigkeit, welche 2006 bei 21,5% lag[113].

Die Abbildung 19 zeigt die Entwicklung des französischen Bruttoinlandsproduktes anhand seiner mengen- und wertmäßigen Veränderung während des Zeitraumes von 1991 bis 2005.

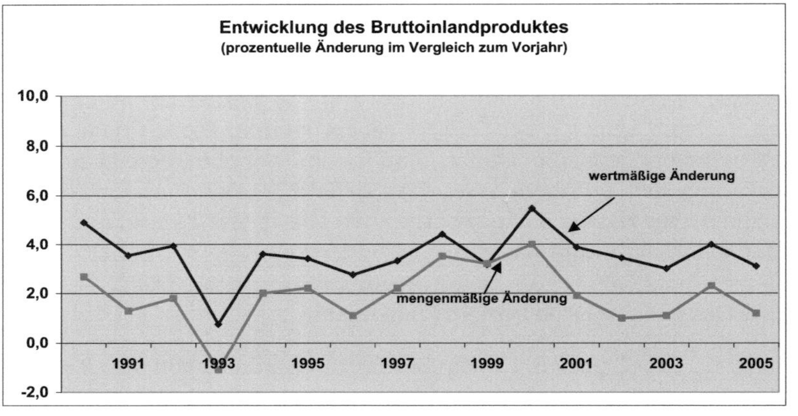

Quelle: Eigene Darstellung, INSEE (2006a)
Abbildung 19: Entwicklung des Bruttoinlandproduktes 1979 – 2005.

Der Anteil der Landwirtschaft am Bruttoinlandsprodukt liegt 2005 nach einer signifikanten Senkung seit Ende der 1970er Jahre bei 2%[114]. In dieser Hinsicht folgt Frankreich dem europäischen Trend, nämlich dem Wandel zur Dienstleistungsgesellschaft[115], da der tertiäre Wirtschaftssektor bereits 75% des jährlichen Bruttoinlandsproduktes beträgt. Die Industrie schlägt sich demnach mit 23% nieder[116]. Die Abbildung 20 stellt die Größenverhältnisse der Wirtschaftssektoren anschaulich dar.

113 Deutsches Auswärtiges Amt (2007).
114 Guihard / Lesdos (2007).
115 Deutsches Auswärtiges Amt (2007).
116 Französisches Außenministerium (2007d).

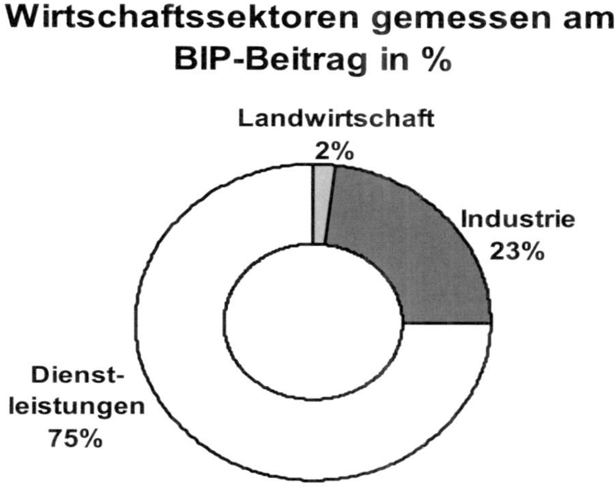

Quelle: Eigene Darstellung, Französisches Außenministerium (2007)
Abbildung 20: Wirtschaft nach Wirtschaftsektoren 2006.

Die wichtigsten Exportmärkte 2005 stellen Deutschland (14,4%), Spanien (10,1%), Italien (9,1%), Großbritannien mit (8,7%) und Belgien (7,5%) dar, welche ebenfalls die Gemeinschaftswährung EURO als Zahlungsmittel haben. Insgesamt wurden Exporte in Höhe von EUR 355,1 Milliarden realisiert. Die bedeutendsten Warengruppen in diesem Zusammenhang sind Maschinen, Verkehrsmittel, Kunststoffe und Nahrungsmittel. Importe, welche 2005 in Höhe von EUR 377,8 Milliarden erfolgten, stammen vor allem aus Deutschland (17,5%), Italien (8,9%), Belgien (8,3%), Spanien (7,3%) sowie den USA (6,0%). Hierbei spielen vor allem Erdöl, Maschinen, Kfz, Chemikalien und Pharmazeutika eine wichtige Rolle. Dies bedeutet, dass Frankreich eine negative Handelsbilanz von EUR 22,7 Milliarden im Jahr 2005 aufweist[117]. Nachgehend werden die wichtigsten Handelspartner Frankreich graphisch in Abbildung 21 dargestellt.

[117] WKO (2006): 1.

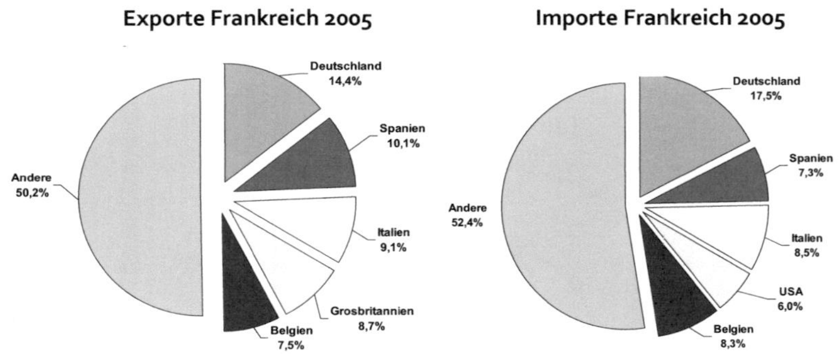

Quelle: Eigene Darstellung, WKO (2006).
Abbildung 21: Handelspartner Frankreich 2005.

Nach Österreich wurde im Jahr 2005 um EUR 3,897 Milliarden exportiert. Hierbei stellten Kraftfahrzeuge, Kessel, Maschinen sowie elektrische Maschinen und chemische Produkte den Großteil dar. Importiert wurden vor allem elektrische Maschinen, Kessel, Maschinen und mechanische Geräte sowie Zugmaschinen und Kraftfahrzeuge. Der Gesamtwert der Importe aus Österreich 2005 betrug EUR 4,017 Milliarden[118].

4.1.3 Das sozialkulturelle Umfeld Frankreichs

Frankreich wird nach Robert-Bobée trotz eines Anstieges der Bevölkerung bis zum Jahr 2050 auf rund 70 Millionen Einwohner, den Trend der Überalterung nicht umgehen können[119]. Wie in der Abbildung 22 ersichtlich, stieg der Anteil der Bevölkerung, der über 60 Jahre alt ist von 18% auf 21,3% an. Dieser Anstieg ist unter anderem auf die höhere Lebenserwartung zurückzuführen. Zusätzlich zu dieser Entwicklung ging der Anteil der unter 20-jährigen radikal um 8,5% zurück um im Jahr 2007 bei 24,7% der Bevölkerung zu liegen. Durch eine offene Immigrationspolitik konnte der aktive Teil der Bevölkerung in Bezug auf 1910 konstant bei 54% gehalten werden. Diese Entwicklung folgt dem Trend der Überalterung, welcher in Europa beobachtet werden kann und in Abbildung 22 erkennbar ist[120].

---

[118] WKO (2006), 1.
[119] Robert-Bobée (2006).
[120] Feldman (2006).

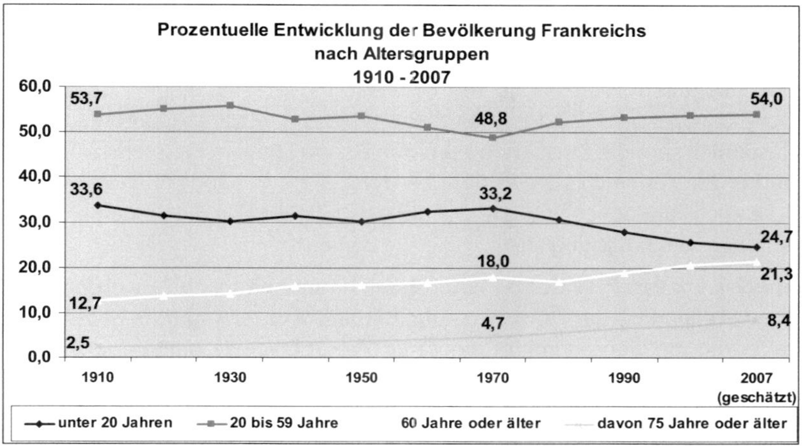

Quelle: Eigene Darstellung, INSEE (2007a).

Abbildung 22: Entwicklung der französischen Bevölkerung 1910-2007.

Frankreich ist ein Einwandererland und kann daher auf eine reiche kulturelle Vielfalt in seiner Bevölkerung blicken. In den 1960er Jahren kamen vor allem Gastarbeiter aus Spanien und Italien sowie aus den nordafrikanischen Ländern Algerien, Tunesien und Marokko. Derzeit stammen Immigranten am häufigsten aus Afrika oder Asien. Im Vergleich zu der übrigen Bevölkerung, ist der Anteil der immigrierten Bevölkerung nicht gealtert[121]. Diese Tatsache lässt Rückschlüsse auf eine höhere Geburtenrate in diesem Teil der Bevölkerung zu. Die Einkommensverteilung ist abgesehen durch die soziale Kategorie in Frankreich auch durch ein Ungleichgewicht zwischen weiblichen und männlichen Arbeitskräften gekennzeichnet. Der Unterschied ist je nach Funktion unterschiedlich und beträgt im Mittel 81%, wobei dieser signifikant bei höheren Positionen in der Privatwirtschaft ansteigt[122]. Die Verteilung der Einkommen ist regional verschieden und diese liegen in der Region Ile-de-France deutlich über dem Durchschnitt. Interessant ist anzumerken, dass 25,4% aller Arbeitsplätze ebenfalls in dieser Region anzutreffen sind[123]. Französische Arbeitnehmer verfügen über fünf Arbeitswochen bezahlten Urlaub und haben aufgrund der 35-Stunden-Arbeitswoche über mehr Freizeit als die übrigen Europäer. Durchschnittlich werden 8,5% des verfügbaren Einkommens der

121 Borrel (2006).

122 INSEE (2006b).

123 INSEE (2006c).

Haushalte in die Freizeit und 16,9% in Nahrungsmittel[124] und rund 40% in Transport und Wohnen[125].

Die Ausgaben Frankreichs für den Bildungsbereich liegen über dem Durchschnitt der OECD-Länder bei 6,3% des Bruttoinlandsproduktes[126]. Zusätzlich sind die Einschreibgebühren für ein Universitätsstudium relativ gering im Vergleich zu den übrigen europäischen Ländern. Dies ermöglicht auch Jugendlichen aus sozial benachteiligten Familien einen sozialen Aufstieg durch Bildung.

Speziell vor den Präsidentschaftswahlen konnte beobachtet werden, welchen Stellenwert der Umweltschutz, Klimaschutz, biologische Lebensmittel sowie die Gentechnik in der öffentlichen Debatte einnehmen. Beide Spitzenkandidaten zum Präsidentschaftsamt, Nicolas Sarkozy und Ségolène Royal, umwarben jene Wähler, die eine ausgeprägte Umweltsensibilität an den Tag legen[127]. Dies zeigt, dass in Frankreich Umweltthemen breit diskutiert werden und einen hohen Grad an Interesse provozieren und dementsprechend wichtig eingeschätzt wurde um umworben zu werden.

4.1.4 Das technologische Umfeld Frankreichs

Frankreich verfügt neben den traditionellen Industriezweigen, auch über Industrien der Spitzentechnologie wie Kernkraft, Rüstungsindustrie und Luft- und Raumfahrt. Seit der ersten Ölkrise 1973 hat Frankreich im Zuge seiner Bestrebung seine Abhängigkeit von Erdöl so weit als möglich zu verringern intensiv in die Kernkraft investiert, welche derzeit 78% der gesamten französischen Energieproduktion darstellt. Der Exporterfolg französischer Industrieproduktion, welcher bei um die 80% des Gesamtexportes liegt, zeigt, dass die französischen Produktionstechnologien sowie das eingesetzte Know-how am letzten Stand der Technik sind[128]. Speziell der Süden Frankreichs verfügt mit dem Technologiezentrum „Sophia-Antipolis" über ein großes und bedeutendes High-Tech-Zentrum, welches 1300 Unternehmen sowie höheren Bildungs- und Forschungseinrichtungen Platz bietet[129]. Die Ausgaben für Forschung und Entwicklung betrugen im Jahr 2005 ungefähr EUR 36,4 Milliarden und wurden zum Grossteil

---

124 INSEE (2004).
125 Arthaut et al. (2005).
126 Charbonnier / Hugonnier (2006): 2.
127 Libération (2007).
128 Französisches Außenministerium (2007c).
129 Sophia Antipolis (2007).

im Automobil-, Luft- und Raumfahrtssektor getätigt[130]. Frankreich kann dementsprechend zu den Hochtechnologieländern gezählt werden.

4.2 Der französische Markt für Öle und Fette

Der französische Markt für Öle und Fette umfasst laut der Definition von Euromonitor die tierischen Fettprodukte wie Butter, Butterprodukte und Schmalze, und andere Pflanzenöle wie z.B. Olivenöl, Maiskeimöl, Rapsöl, Traubenkernöl, Sonneblumenkernöl, Erdnussöl, Baumwollsaatöl, Sojabohnenöl, Walnussöl sowie andere pflanzliche Öle und Saatöle. Des Weiteren zählen streichbare Fettprodukte wie Margarine zu diesem Markt. Hierbei kann zwischen normalen und funktionalen streichfähigen Fetten und Ölen unterschieden werden. Funktional wird als der Funktion entsprechend oder die Funktion betreffend definiert[131]. Unter funktionalen Produkten versteht man daher jene, die die Funktion erfüllen und mit ihren Eigenschaften spezielle Bedürfnisse der Konsumenten befriedigen. Im Zusammenhang mit Fetten können jene Produkte als funktional beschrieben werden, die beispielsweise Cholesterin senkend wirken. Es kann hier auch zwischen Fetten und Ölen unterschieden werden, die zum Kochen verwendet werden und jenen, die zum Verfeinern von Salaten und Dressings dienen. Wenn nicht anders zitiert stammen die Informationen vom Euromonitor[132].

4.2.1 Trends

Laut dem Bericht über Frankreichs Öl und Fettmarkt sind die Franzosen in den letzten Jahren gesundheitsbewusster geworden und neigen aus diesem Grund zu einer generellen Reduktion der fettreichen Nahrungsmittel. Diese Änderung der Einstellung hat zu zwei Entwicklungen geführt. Erstens kann von einem generellen Trend in Richtung eines geringeren Konsums von Ölen und Fetten gesprochen werden. Diese Entwicklung schlägt sich bereits in den Absatzzahlen nieder, die im Jahr 2006 zu einem Rückgang des Absatzvolumens um 3% bzw. zu einem Wertverlust von 1% geführt haben. Zweitens beschäftigen sich die Franzosen intensiver mit ihrer Nahrung und interessieren sich in höherem Ausmaße für die Zusammensetzung und Qualität ihrer Nahrungsmittel. Es kann von einem Trend zu mehr Gesundheit, höherer Qualität und Innovation im Produktnutzen gesprochen werden.

---

130 Ministère Education Nationale Enseignement Supérieur Recherche (2006).

131 Brockhaus Online (2007).

132 vgl. Euromonitor (2007a).

Um der negativen Absatzentwicklung entgegenzuwirken haben bereits einige Unternehmen ihre Produkte neu positioniert bzw. neue Produkte auf den Markt gebracht, welche der steigenden Nachfrage nach gesünderen, qualitativ hochwertigeren Produkten mit zusätzlichen Produktnutzen entspricht. Des Weiteren werden bestehende Produkte in neuem Verpackungsdesign und neuen, meist kleineren Verpackungsgrößen angeboten. In dieser Weise wird auch dem Trend zu kleineren Haushalten und dem Anstieg der Singlehaushalte Rechnung getragen. Das Unternehmen Lesieur Alimentaire SA hat seine derzeit 15 Ölprodukte bereits repositioniert und bietet nun Öle zum Frittieren, Öle die den Gesundheitsaspekt hervorstellen bei kombinierten gesunden Öle sowie spezifische Öle wie Nussöle[133].

Im Jahr 2006 konnte eine Intensivierung der Werbung für Olivenöl, Pflanzenöl und Saatöl beobachtet werden. Das Unternehmen Lesieur Alimentaire hat sein Werbebudget aufgestockt und in Folge die Marken Oli und Carapelli wieder in Fernsehwerbespots beworben. Des Weiteren wurde die von Unilever Bestfoods SA erworbene Marke Puget intensiver mittels einer bereits in den 1970er Jahren begonnenen Werbekampagne im TV beworben. Laut Analysen, welche im Bericht von Euromonitor über den Markt für Öle und Fette in Frankreich dargelegt wurden, hat diese Kampagne den aufgrund der Preiserhöhung rückgängigen Verkauf von Ölen abgefedert.

4.2.2 Marktvolumen und -entwicklung

Das Verkaufsvolumen der Öle und Fette ist in Frankreich 2006 um 3% gesunken, wertmäßig jedoch nur um 1%. Das Preisniveau bei pflanzlichen Speiseölen ist 2006 im Durchschnitt konstant geblieben. Einzig der Preis von Olivenöl ist um 18% angestiegen, da in den letzten beiden Jahren eine sehr geringe Olivenernte verzeichnet wurde. Aus diesem Grund ist das Verkaufsvolumen von Olivenöl um 12% gefallen, jedoch konnte aufgrund der Preissteigerung ein wertmäßiger Anstieg von 5% beobachtet werden. Eine ähnliche negative Entwicklung wird in den Prognosen erwartet.

Es ist interessant hervorzuheben, dass der Bereich der funktionalen Brotaufstriche ein enormes Wachstum verzeichnen konnte und zwischen 2001 und 2006 um rund 300% von EUR 30.020.000 auf EUR 120.660.000 angewachsen ist und auch weiterhin über ein großes Wachstumspotenzial verfügt. Dies sollte für zukünftige strategische Überlegungen im Bereich der Produktentwicklung beachtet werden.

---

133 vgl. Lesieur Alimentaire SA (2007).

Die jährlichen Pro-Kopf-Ausgaben für Öle und Fette sind in Frankreich zwischen 2001 und 2006 um EUR 1,56 von 53,45 auf 55,04 angestiegen. Das Marktvolumen kann daher im Jahr 2006 mit EUR 3.359.800.000 beziffert werden und liegt somit um 2,3% über dem Wert von 2001. Die Entwicklung zwischen 2001 und 2006 ist in der Tabelle 5 dargestellt.

Jahr	€/Kopf	Marktvolumen
2001	53,45	3.164.330.000
2002	53,87	3.210.100.000
2003	53,74	3.223.010.000
2004	53,65	3.237.000.000
2005	53,01	3.218.000.000
2006	55,04	3.359.800.000

Quelle: Eigene Darstellung nach Daten von Euromonitor (2007b).
Tabelle 5: Konsumausgaben für Öle und Fette in Frankreich.

In Zusammenhang mit dieser Studie interessiert speziell die Entwicklung der pflanzlichen Speiseöle. Diese umfassen sowohl Olivenöl als auch alle anderen pflanzlichen Speiseöle und Saatöle, da dieser Bereich als potentielles Marktvolumen für Rapso gesehen wird. Aus diesem Grund wird im Folgenden auf diesen Teilbereich des Marktes eingegangen.

Der Teilmarkt für pflanzliche Speiseöle ist im Jahr 2006 auf EUR 741.770.000 beziffert und wird laut Euromonitor 2007 auf ein Jahresvolumen von EUR 705.160.000 schrumpfen. Diese Entwicklung kann auf das höhere Gesundheitsbewusstsein in der französischen Bevölkerung sowie auf die höheren Preise von Olivenöl zurückgeführt werden. Die Tabelle 6 stellt die Entwicklung von 2001 bis 2007 übersichtlich dar.

Jahr	Verkaufsvolumen in EUR	Veränderung zu 2001
2001	752 200 000	-
2002	786 700 000	**4,59%**
2003	771 000 000	-2,09%
2004	753 620 000	-2,31%
2005	734 100 000	-2,60%
2006	741 770 000	**1,02%**
Prognose 2007	705 160 000	-4,87%

Quelle: Eigene Darstellung nach Daten von Euromonitor (2007)
Tabelle 6: Verkaufsvolumen in EUR von pflanzlichen Speiseölen 2001 – 2007.

Im Jahr 2006 betrug der Anteil von Olivenöl 44%. Die restlichen 56% des Marktes für pflanzliche Speiseöle setzen sich aus 42,9% Sonnenblumenkernöl, 7,9% Erdnussöl, 5,8% Rapsöl, 4% Traubenkernöl sowie 39,4% sonstigen Ölen zusammen. Aus diesem Grund kann der Marktanteil von Rapsöl in Frankreich im Jahr 2006 mit EUR 18.922.500 beziffert werden. Die Tabelle 7 stellt die Entwicklung der verschiedenen pflanzlichen Speiseöle in Frankreich im Jahr 2006 dar.

Anteil Pflanzliche Speiseöle	2004	2005	2006
Sonnenblumenkernöl	45,0%	44,6%	42,9%
Erdnussöl	8,6%	8,5%	7,9%
Rapsöl	3,8%	4,0%	5,8%
Traubenkernöl	3,5%	3,6%	4,0%
Andere (außer Olivenöl)	39,1%	39,3%	39,4%

Quelle: Eigene Darstellung nach Daten von Euromonitor (2007a).
Tabelle 7: Entwicklung der pflanzlichen Speiseöle in % 2004 – 2006.

Aus der obigen Tabelle ist ersichtlich, dass der Absatz von Rapsöl zwischen 2004 und 2006 um 2%-Punkte innerhalb des pflanzlichen Speiseölsegmentes gestiegen ist, was einem Wachstum von EUR 5.336.740 entspricht. Dies ist insbesondere interessant, da innerhalb des gesamten Pflanzenölsegmentes in derselben Zeitspanne der Anteil an Olivenöl von EUR 396.100.000 auf EUR 415.000.000 gestiegen ist und der Anteil der restlichen Pflanzenöle von EUR 357.520.000 auf 326.250.000 gesunken ist. Man kann also von einer entgegengesetzt positiven Entwicklung des Rapsölverkaufs sprechen. Dies ist laut den Analysten von Euromonitor auf die positiven gesundheitlichen Eigenschaften von Rapsöl in Verbindung mit dem stärker werdenden Gesundheitsbewusstsein der Franzosen und, unter Anderem, der Produkteinführung und Bewerbung von Huile de colza als Alternativprodukt zu Olivenöl von Lesieur Alimentaire SA zu erklären.

4.2.3 Marktteilnehmer und Marken

Der Markt von pflanzlichen Speiseölen und Fetten wird in Frankreich von einigen großen Unternehmen beherrscht. Lesieur Alimentaire SA dominiert mit 15 verschiedenen Marken[134] den Markt für Olivenöl, Pflanzenöle und Saatöle, Unilever Bestfoods SA und Vedial SA jenen für streichbare Öle und Fette und Groupe Lactalis jenen für Butter. Dennoch spielen auch

134 vgl. Lesieur Alimentaire SA (2007a).

Handelsmarkenprodukte eine Rolle auf dem Markt, da sie meist zu günstigeren Preisen als vergleichbare Markenprodukte angeboten werden.

Die drei wichtigsten Marken für Öle und Fette in Frankreich sind nach ihrem Marktanteil gereiht Fruit d'Or von Unilever mit 9,2%, Président von Groupe Lactalis mit 6,54% und Puget von Lesieur Alimentaire SA mit 6,25%.

Bei pflanzlichen Ölen liegt Fruit d'Or von Unilever mit 9,2% an erster Stelle, gefolgt von den Lesieur Alimentaire SA Marken Puget mit 6,25%, Isio 4 und Lesieur Olive mit jeweils 2,64% und Végétaline von Unilver mit 1,32% Marktanteil. Handelsmarken verfügen 2006 über einen Marktanteil von 23,63% welcher seit 2004 relativ konstant geblieben ist und nur einen unwesentlichen Rückgang von 0,15% verzeichnet hat.

Alle Marken sind Öle, die nur aus einem Rohstoff gewonnen wurden und daher 100% reinsortiges Öl darstellen, wie beispielsweise das 100% reine Olivenöl mit der Marke Lesieur Olive. Als Sonderfall kann Isio 4 angesehen werden, da es eine Kombination aus vier Ölen, nämlich Sonnenblumenkernöl, Rapsöl, Traubenkernöl und Oléisol®, darstellt. Isio 4 ist als sehr gesund positioniert, da es die verschiedenen Charakteristika der Öle in sich vereinigt und somit über mehr Vorteile als vergleichbare reine Öle verfügt.

4.2.4 Ausblick

Der Trend zu einem höheren Gesundheitsbewusstsein und einer Fettreduktion im Speiseplan wird in Frankreich auch in Zukunft anhalten und sich voraussichtlich noch verstärken. Dies deutet auf ein weiteres Sinken des Marktvolumens für Öle und Fette hin. Zusätzlich findet eine Entwicklung zu einer steigenden Anforderung an die Qualität der Produkte statt, welche zu einer Bevorzugung dieser Kategorie von Ölen und Fetten der Konsumenten führen wird.

Diese Entwicklung hat in den letzten Jahren zu einem Boom bei funktionalen streichfähigen Ölen und Fetten geführt, welche auch weiterhin über ein großes Wachstumspotenzial verfügen und laut den Prognosen von Euromonitor mit einer jährlichen Wachstumsrate von 4,5% rechnen können. Interessant ist hier der Vergleich zur Entwicklung von normalen streichfähigen Ölen und Fetten, welche in derselben Zeitspanne mit einer jährlichen negativen Wachstumsrate von -3% rechnen können. Dies lässt den Schluss zu, dass die Positionierung der Funktionalität zu mehr Wachstum führt und auch bei Ölen angewendet werden kann. Dies sollte für zukünftige strategische Überlegungen im Bereich der Produktentwicklung beachtet werden.

Die Preisentwicklung für Olivenöl wird im Speziellen von der nächsten Ernte abhängen. Falls diese wieder schlecht ausfallen sollte, könnte es zu einer weiteren Preiserhöhung und dementsprechend zu einem Rückgang der Verkaufszahlen kommen. In diesem Bereich hängt die weitere Entwicklung sehr stark von der Innovationsfähigkeit der Unternehmen und der gewählten Positionierung der Olivenölprodukte ab um diese von Konkurrenzprodukten erfolgreich abzuheben.

Der Markt für Rapsöl konnte in den letzten Jahren ein Wachstum verzeichnen und besitzt ein großes Potenzial um diese Entwicklung fortzusetzen. Dies liegt an seinen Eigenschaften, die positiv auf die Gesundheit wirken und welche derzeit in steigendem Ausmaß von Konsumenten gefordert werden. Ein qualitativ hochwertiges Rapsöl kann daher in Zukunft mit durchschnittlich höheren Wachstumsraten rechnen als der normale Rapsölmarkt, da es sowohl dem Trend zu mehr Gesundheit als auch dem Trend zu mehr Qualität der Nahrungsmittel entspricht.

4.3 Das Zielsegment für gentechnikfreies Rapsöl in Frankreich

Um das Zielsegment für die Kommerzialisierung Rapsos in Frankreich festlegen zu können, müssen vorerst die diversen Charakteristika Rapsos dargestellt werden um anschließend jene auswählen zu können auf denen die Marketingstrategie basieren wird und das Zentrum der Botschaft darstellen sollen. Anschließend wird die demographische Komponente des Segmentes beschrieben.

4.3.1 Produktcharakteristika

Die positiven gesundheitlichen Aspekte Rapsos wurden bereits näher in Kapitel 3 beschrieben und sollen daher hier nur kurz wiederholt werden. Rapso ist garantiert gentechnikfrei, enthält reichlich ungesättigte Fettsären, ist cholesterinfrei und stellt eine Quelle für Vitamin E dar. Des Weiteren kann Rapso aufgrund seines Ölgewinnungsverfahrens sowohl für die warme, das heißt zum Frittieren, als auch für die kalte Küche verwendet werden. Außerdem ist Rapso geschmacksneutral und somit zur Verfeinerung verschiedenster Gerichte einsetzbar. Die positiven Eigenschaften Rapsos werden in Abbildung 23 graphisch dargestellt.

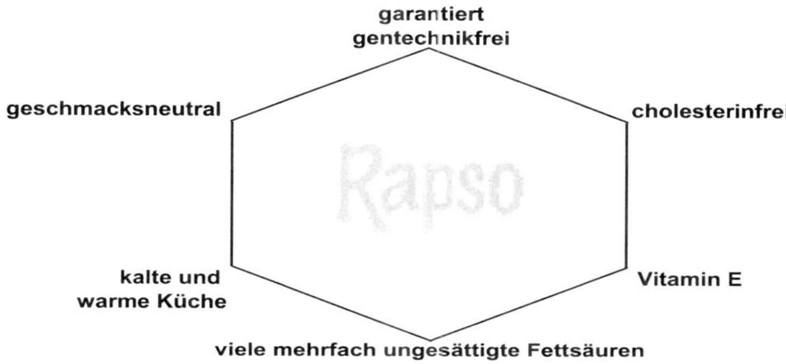

Quelle: Eigene Darstellung.
Abbildung 23: Positive Eigenschaften von Rapso.

Laut einer repräsentativen Studie, welche in Frankreich im Jahr 2006 durchgeführt wurde sind mehr als ein Drittel, nämlich 35% der Befragten, aufgrund der Höhe ihres Cholesterinspiegels besorgt. Diese Gruppe ist besonders gut über das Thema informiert, wobei 90% über die Möglichkeit, ihren Cholesterinspiegel durch eine Ernährungsumstellung verringern zu können, Bescheid wissen. Bei 20% der Franzosen fließt die Cholesterinfrage direkt in die Kaufentscheidung bei Lebensmitteln ein. Des Weiteren bevorzugen 67% jener, die sich über ihren Cholesterinspiel Sorgen machen, den Kauf eines Produktes, welches hilft diesen zu senken, gegenüber einem klassischen Produkt. Diese Studie hat ebenfalls ergeben, dass es für 79% der Franzosen wichtig ist, dass ein Produkt, welches positiv auf die Gesundheit, beispielsweise Cholesterin senkend wirkt, gentechnikfrei hergestellt wurde[135].

4.3.2 Zielgruppencharakteristika

Die demographische Entwicklung Frankreichs wurde bereits in Kapitel 4.1.3 im Detail dargestellt und lässt in der Prognose auf ein Wachstum der über 60-jährigen von 18% auf 21,3% bis zum Jahr 2050 schließen. Derzeit leben in Frankreich rund 11.412.000 Menschen über 60 Jahren und deren Anteil an der Gesamtbevölkerung wird bis zum Jahr 2050 auf rund 14.910.000 anwachsen. Das bedeutet eine Zunahme dieser Bevölkerungsgruppe um beinahe 31%.

---

[135] Senioractu (2007).

Diese Bevölkerungsgruppe ist aufgrund ihrer Altersstruktur in besonderer Weise von Herzkreislaufkrankheiten betroffen, welche unter anderem durch einen zu hohen Cholesterinspiegel verursacht werden[136]. Aus diesem Grund bildet die Tatsache der Cholesterinfreiheit Rapsos eine mögliche Verkaufsargumentation.

Des Weiteren verfügt die Quasigesamtheit der über 60-jährigen über konstante Einkommen, da in diesem Alter der Großteil bereits in Pension ist und über eine monatliche Altersrente verfügt. Des Weiteren sind in diesem Alter meist alle Darlehensverbindlichkeiten getilgt und keine Kinder mehr finanziell abhängig. Aus diesem Grund kann angenommen werden, dass das verfügbare Einkommen in dieser Gruppe durchschnittlich meist höher ist als in jüngeren Jahren.

Im Hinblick auf die positiven gesundheitlichen Eigenschaften Rapsos, die dargestellte Entwicklung der französischen Bevölkerung, deren Besorgnis über Cholesterin und Gentechnik kombiniert mit der höheren Kaufkraft erscheint die Gruppe der über 60-jährigen als besonders attraktiv und als Zielgruppe geeignet.

Die Charakteristika der Zielgruppe werden anschließend in Abbildung 24 übersichtlich dargestellt:

- **Segment der über 60-jährigen Franzosen befindet sich im Wachstum**
- **Gesundheitsprobleme mit Cholesterin sind häufig**
- **Interesse an funktionalen Nahrungsmitteln ist verstärkt gegeben**
- **Interesse an gentechnikfreien Nahrungsmitteln ist im wachsen**
- **Kaufkraft ist vorhanden**

Quelle: Eigene Darstellung.

Abbildung 24: Zielgruppencharakteristika.

136 Senioractu (2007).

5 Marketingkonzept zur erfolgreichen Einführung des gentechnikfreien Speiseöles Rapso in den französischen Markt

Im folgenden Kapitel werden die theoretischen Konzepte, welche in Kapitel zwei näher erläutert wurden, zur Anwendung gebracht. Hierfür werden Erkenntnisse, die aus der Analyse des Marktes für Öle und Fette sowie des Zielsegmentes gewonnen werden konnten, herangezogen um ein auf dieses optimal zugeschnittenes Marketingkonzept zu kreieren.

In Abschnitt 5.1 werden jene Entscheidungen getroffen, die das Produkt Rapso sowie dessen Positionierung auf dem Markt betreffen. Hierbei werden die Qualität, welche als Nonplusultra kommuniziert werden soll, hervorgehoben und jene Produktcharakteristika betont, welche es Rapso ermöglichen, im Vergleich zu seinen Konkurrenzprodukten einen Wettbewerbsvorteil zu generieren. Des Weiteren werden Entscheidungen zur Markenführung und zum Design der Verpackung, insbesondere der Etikettengestaltung in Anbetracht der Sprachbarriere, behandelt.

In weiterer Folge wird in Anschnitt 5.2 die Preisstrategie für Rapso in Frankreich festgelegt. Hierbei wird die im vorangegangenen Kapitel dargelegte Produktstrategie mittels einer kohärenten Preisstrategie bekräftigt um die gewählte Positionierung als Prämiumprodukt zu festigen. Es wird an dieser Stelle ein Überblick über die sich derzeit auf dem Markt befindlichen Produkte und deren Preise gegeben.

In Absatz 5.3 wird jene Vertriebsorganisation dargestellt, die für den Export von Rapso nach Frankreich und dessen Vertrieb vor Ort für das Unternehmen VOG am vorteilhaftesten ist. Hierbei wird zuerst ein Überblick über die Struktur der französischen Distribution und den größten Akteuren gegeben.

Darauf folgend wird in Punkt 5.4 der Kommunikationsmix, der sich auf die Instrumente Werbung und Absatzförderung beschränken wird, dargelegt. In diesem Zusammenhang wird ein Werbeprogramm erstellt. Anschließend werden einige Ideen zur Absatzförderung präsentiert.

5.1 Produktpolitische Entscheidungen

Die Entscheidungen, welche im Bereich der Produktpolitik getroffen werden sind besonders wichtig, da der Verkaufserfolg direkt vom Produkt selbst bzw. seiner Ausgestaltung abhängt. Die Produktpolitik setzt sich aus mehreren Komponenten zusammen, die sich in ihrer Gewichtung und Zusammensetzung je nach Produktkategorie unterscheiden. Generell kann jedoch von den folgenden Einflusskriterien ausgegangen werden, die das Produkt kennzeichnen:

- Qualität und Produkteigenschaften
- Marke des Produktes
- Verpackungsgestaltung
- Produktfunktionalität
- Produktdesign

Im Folgenden wird einerseits auf die Qualität und die Produkteigenschaften eingegangen, da diese als Ausgangspunkt für die Kommunikationsstrategie, welche in Punkt 5.4. behandelt wird, dienen werden. Andererseits werden die Markenstrategie von Rapso und die Verpackungsgestaltung behandelt. Diese Komponenten der Produktpolitik erscheinen im internationalen Kontext als besonders wichtig und bedürfen einer eingehenden Betrachtung.

5.1.1 Qualität und Produkteigenschaften

Das Produkt Rapso weist mehrere Charakteristika auf, die sich dafür anbieten, es in den Augen der Konsumenten von den Produkten der Konkurrenz abzuheben. Die wichtigste Eigenschaft in diesem Zusammenhang, ist die Garantie, dass Rapso aus 100% gentechnikfreiem Saatgut hergestellt wird. Es herrschen sehr strenge Auflagen in allen Produktionsbereichen, welche es dem Unternehmen VOG ermöglichen, gentechnisch veränderte Organismen explizit ausschließen.

Des Weiteren ist Rapso ein österreichisches Qualitätsprodukt, für welches nur sorgfältig ausgesuchte Saaten zur Herstellung verwendet werden. Durch ein physikalisches Pressverfahren bleiben wichtige Vitamine erhalten. Dieses Extraktionsverfahren führt zwar zu Mengeneinbussen, erlaubt aber im Gegensatz eine Erhitzung des Öles und ermöglicht somit eine Anwendung in der warmen Küche. Da Rapso geschmacksneutral ist, ist es ebenfalls in der kalten Küche einzusetzen. Des Weiteren ist Rapso 100% cholesterinfrei und enthält reichlich ungesättigte Fettsäuren. Es stellt somit für gesundheitsbewusste Konsumenten, für Vegetarier oder all jene Menschen, die aus religiöser Überzeugung keine Schmalze verspeisen, eine optimale Fettquelle dar.

Das Unternehmen VOG hat sich entschieden Rapso als Prämiumprodukt auf dem österreichischen Markt zu positionieren und hat bei seinen bisherigen Internationalisierungsaktivitäten diese Strategie beibehalten. Diese hat sich als sehr erfolgreich herausgestellt hat, da sie zu einer hohen Umsatzsteigerung dieses Geschäftsbereiches, wie in Kapitel drei erwähnt, geführt hat. Aus diesem Grund und um die Einheit der Marke Rapso innerhalb der europäischen Märkte zu wahren, wird empfohlen, diese Positionierung auch für den französischen Markt beizubehalten.

5.1.2 Entscheidungen zur Marke Rapso

Laut Alashban stellen Marken für Unternehmen ein wertvolles immaterielles Anlagevermögen dar, welche, in der langen Frist, wesentlich zu der Generierung eines höheren Gewinnbeitrages führen[137]. Czinkota und Rainkonen sehen in Marken sogar eines der wertvollsten Anlagevermögen, welches Unternehmen besitzen können[138]. Dies lässt sich damit begründen, dass Kunden durch Marken Produktpräferenzen bilden und diese somit zu Loyalität führt. Es werden somit langfristige, positive Assoziationen für das Produkt oder das gesamte Unternehmen gefestigt. In der Praxis drückt sich dies durch eine hohe Wiederholungskaufsrate aus und dient dazu, dass aus einem Erstkunden ein treuer Kunde wird. Wenn Käufer Präferenzen für ein Produkt entwickelt haben, werden selbst stark umworbene und günstigere Produkte abgelehnt. Man kann daher davon sprechen, dass die Käufer einen Schutzwall gegen Marketing-Strategien der Konkurrenz aufbauen[139].

„Die Marke ist ein Name, Begriff, Zeichen, Symbol, eine Gestaltungsform oder eine Kombination aus diesen Bestandteilen zum Zwecke der Kennzeichnung von Produkten oder Dienstleistungen eines Anbieters oder einer Anbietergruppe und der Differenzierung gegenüber Konkurrenzangeboten.“[140]

In der Praxis kann zwischen Wort-, Bild- oder Kombinationsmarken unterschieden werden. Wortmarken setzen sich nur aus dem Schriftzug des Markennamens zusammen und verwenden kein Bild bzw. Markenzeichen zur visuellen Unterstützung. Rapso ist in diesem Sinne eine Wortmarke, da sie nur aus einem gelben Schriftzug, wie in Abbildung 25 dargestellt, besteht.

---

137 vgl. Alashban et al. (2002): 23.
138 vgl. Czinkota / Ronkainen (2001): 534.
139 vgl. Kotler et al. (2007a): 647.
140 Kotler et al. (2007b): 509.

Quelle: Quelle: VOG (2007e).
Abbildung 25: Wortmarke Rapso.

Des Weiteren wird Rapso als Einzelmarke geführt, da bisher noch keine Erweiterung der Produktlinie oder Markenerweiterung auf eine neue Produktkategorie stattgefunden hat. In Anbetracht des steigenden Umsatzes auf dem Marktsegment der funktionalen Brotaufstriche könnte jedoch eine diesbezügliche Erweiterung ins Auge gefasst werden.

Wichtige Kriterien für Markennamen sind die leichte Aussprache, die Vermeidung von möglichen negativen Assoziationen oder Missverständnissen in der Bedeutung[141], leichte Merkbarkeit und die Möglichkeit, diese schützen zu lassen[142]. Die Aussprache des Markennamens Rapso stellt generell für frankophone Konsumenten keine Schwierigkeit dar und es besteht keine Gefahr einer eventuellen Missinterpretation, da es keine mit dem Wortstamm Raps verwandten Wörter im landesüblichen Französisch gibt. Dadurch, dass es sich um ein sehr kurzes Wort handelt, sollte auch kein vordergründiges Problem der Merkbarkeit auftreten.

5.1.3 Entscheidungen zur Verpackungsgestaltung

Die Verpackung dient nicht nur zum Schutz der Ware, sondern hat eine zunehmende Wichtigkeit im Kaufprozess. Sie soll Aufmerksamkeit auf sich ziehen, Produktinformationen geben, anpreisen und den Verkauf einleiten[143]. Es reicht nicht mehr aus, den Namen des Produktes auf der Verpackung zu notieren, damit sich ein Kunde zum Kauf entschließt. In der heutigen Zeit sehen sich Konsumenten mit einer Vielzahl von gleichartigen Produkten konfrontiert, die sich hauptsächlich über die Marke und die Verpackungsgestaltung unterscheiden.

Je nach Konzeption der Verpackung, wird eine gewisse Lebenseinstellung und Qualität mit dem Produkt assoziiert. Steht die Verpackung für Be-

---

141 vgl. Robertson (2005): 69.
142 vgl. Meyers-Levy (1989): 201.
143 vgl. Kotler et al. (2007a): 639.

quemlichkeit, Schutz, Sicherheit, Zuverlässigkeit, Information und Prestigegewinn, ist der Konsument eher bereit zu kaufen und einen höheren Preis für das Produkt auszugeben. Viele Konsumenten treffen die Entscheidung, welches Produkt letztendlich gekauft wird, am Regal. Aus diesem Grund ist die Gestaltung der Verpackung ein besonders wichtiger Faktor und verdient eine eingehende Beschäftigung, da sie vielleicht die letzte Chance für den Anbieter darstellt, den Kunden zum Kauf seines Produktes zu bewegen.

Bei der Erstellung eines Verpackungskonzeptes müssen generell Entscheidungen bezüglich

- der Größe,
- des Materiales,
- der Form,
- der Farbgebung,
- der Aufschriften, Logos und dem Text sowie
- der Präsentation der Marke getroffen werden.

Rapso ist derzeit in zwei Verpackungsgrößen erhältlich. Einerseits kann Rapso in der grünen, handlichen und recyclebaren Glasflasche mit einem Füllvolumen von 0,75 Liter bezogen werden, andererseits besteht die Möglichkeit die praktische Unibox mit 10 Litern Inhalt zu beziehen. Das Öl befindet sich dabei in einem Plastiksack, der in einen Pappkarton gesteckt ist. Diese Verpackungsform ist besonders umweltfreundlich, da es eine bessere Auslastung der Paletten während des Transportes ermöglicht und somit zur Emissionsreduktion beiträgt. Des Weiteren kann der Pappkarton und der Plastiksack leicht recycelt und entsorgt werden. Beide Verpackungsarten garantieren den Erhalt des im Öl enthaltenen Vitamin E. Dieses Vitamin zeichnet sich durch besondere Lichtempfindlichkeit aus und wird durch das Grün der Glasflasche bzw. der lichtundurchlässigen Papphülle geschützt. Beide Verpackungsgrößen bieten dem Konsumenten die Möglichkeit, je nach individuellem Bedarf, Rapso zu beziehen, da dieses in Kleinmengen von 0,75 Litern oder Großmengen in der Unibox verfügbar ist.

Wie in Abbildung 26 ersichtlich, weisen beide Verpackungen dieselbe Grundstruktur in der Farbgestaltung auf. Auf dem Etikett sind ein strahlend blauer Himmel, ein blühend gelbes Rapsfeld und zarte grüne Hügel abgebildet. Es sind jeweils die Farben blau, gelb und grün anzutreffen, welche die Natürlichkeit und Naturverbundenheit des Produktes kommunizieren sollen. Über der gelben Wortmarke Rapso ist ein, halb gelber halb weißer, Kreis abgebildet, der mit einer Sonne über dem Rapsfeld assoziiert werden kann. Es sind der Schriftzug Rapso 100% reines Rapsöl, der Hinweis „cholesterinfrei", die Inschrift „Natürlich aus Österreich" sowie die Wort-Bild-Marke „Rapso OHNE GENTECHNIK" anzutreffen.

Folgende Abbildung 26 zeigt die sich derzeit auf dem österreichischen Markt befindlichen Verpackungen auf.

Quelle: VOG (2007e).
Abbildung 26: Verpackungsformen von Rapso.

In Frankreich kann Speiseöl in verschiedenen Verpackungsgrößen, -formen und -materialen bezogen werden. Die Bandbreite reicht von Traubenkernöl in kleinen 0,25 Liter Glasflaschen bis einer Cuvée von verschiedenen Frittierölen in 10 Liter Aluminiumbehältern. Meistens findet man jedoch durchsichtige 1 Liter Plastikflaschen für all jene Speiseöle, die nicht reines Olivenöl sind. Olivenöl wird in der großen Mehrheit in dunklen Glasflaschen verkauft, welche die enthaltenen Vitamine vor dem durch Sonnenlicht verursachten Verfall bewahren und mit höherer Qualität assoziert werden. Rapsöle sind meistens in durchsichtigen Plastikflaschen verpackt und einem Händlernamen vertrieben. Die Etikettengestaltung ist informativ und hat sich noch nicht auf die emotionale Ebene begeben. In vielen Fällen handelt sich um einfärbige Etiketten, die je nach verwendetem Saatgut, dieses abgebildet haben.

Rapso sollte seine Markenidentität bewahren und die Grundstruktur der Verpackung und des Etikettes, in Form und Farbe, beibehalten und nur den Text in die Landessprache übersetzen. Dies scheint insofern sinnvoll, da die optisch ansprechenden und interkulturell verständlichen Bilder, die

Reinheit und Natürlichkeit des Rapsfeldes, fern von Umweltverschmutzung und Gentechniklabor kommuniziert.

Der deutschsprachige Konsument kann aus dem Markennamen Rapso ableiten, dass das Speiseöl aus Rapssaaten hergestellt wird. Dies ist dem französischen Konsumenten nicht möglich, da Raps mit „colza" übersetzt wird. Eine Assoziation wäre positiv, ist aber nicht unumgänglich, da auf dem Etikett sofort unter der Marke Rapso die Übersetzung, „100% l'huile de colza" erscheinen wird und somit auf dem ersten Blick Auskunft über das Produkt gibt.

Die Wort-Bild-Marke „Rapso GARANTIERT GENTECHNIK-FREI" muss ebenfalls ins Französische übersetzt werden, da diese Besonderheit im Zentrum der in Kapitel 5.4. dargelegten Kommunikationskampagne stehen soll. Die Garantie, dass keine gentechnisch veränderten Saaten zur Ölgewinnung herangezogen werden, muss eindeutig und klar über das Etikett wahrnehmbar sein. Es wird in diesem Zusammenhang empfohlen in den ersten Monaten nach der Markteinführung ein kleines Kärtchen, welches das Qualitätskontrollsystem erklärt und eine Verpflichtungserklärung des Unternehmenseigentümers beinhaltet, am Flaschenhals anzubringen. Diese zusätzliche Information scheint notwendig, um die Glaubwürdigkeit des Produktes zu unterstützen. Die Abbildung 27 zeigt das Logo „Rapso GARANTIERT GENTECHNIK-FREI".

Quelle: VOG (2007c).

Abbildung 27: Logo „Rapso garantiert gentechnikfrei"

Der Hinweis „cholesterinfrei" sollte unbedingt übersetzt und beibehalten werden, da davon ausgegangen werden kann, dass sich die Kommunikation dieser Funktionalität positiv auf den Verkaufserfolg auswirken wird. Diese Annahme lässt sich den in Kapitel 4.2. gewonnenen Erkenntnissen ableiten, welche einen regelrechten Boom im französischen Markt für funktionale Öle und Fette feststellen konnten.

Es wird empfohlen die positiven Effekte von Rapso auf die Gesundheit sowie die Zusammensetzung seiner Fettsäuren und Vitamine auf einem Rückenetikett hervorzuheben. Diese Maßnahme erscheint besonders sinnvoll, da der gesundheitsbewusste Konsument meistens zusätzliche Informationen auf dem Produkt sucht, welche ihn in seiner Wahl bestätigen. Da bereits auf dem Vorderetikett darauf hingewiesen wird, das Rapso cholesterinfrei ist, sollte diese Tatsache auf der Rückseite nochmals unterstrichen werden.

Auf beiden Verpackungen ist auf der rechten unteren Seite die österreichische Fahne zu sehen, welche in der Mitte die Aufschrift „Natürlich aus Österreich" trägt. Hierbei wird auf eine positive Assoziation mit Österreich gesetzt, dem so genannten Country-of-Origin-Effekt[144]. Dieser kann jedoch auch den gegenteiligen Effekt auf den Verkaufserfolg eines Produktes haben, falls vorwiegend negative Eigenschaften mit dem Herkunftsland in Verbindung gebracht werden.

Franzosen sind patriotisch was die Wahl ihrer Lebensmittel betrifft. Dies kann daraus geschlossen werden, dass bei keinem Speiseöl bzw. Lebensmittel explizit darauf hingewiesen wird, dass es nicht in Frankreich produziert wird. Falls ein Produkt nicht in Frankreich hergestellt wurde, ist dies eher als kleiner Hinweis auf dem Rückenetikett zu finden[145]. Aus diesem Grund wird empfohlen, die österreichische Fahne mit dem Hinweis auf das Herkunftsland von der Vorderseite zu entfernen und auf das Rückenetikett zu verlagern.

5.2 Preispolitische Entscheidungen

Rapso Rapsöl wird ist aus hochwertigen Rapssaaten, die durch kontrollierten Anbau in Österreich erzeugt werden, mittels eines schonenden Ölgewinnungsverfahrens gewonnen und durchläuft mehrere Qualitätskontrollen, bevor es die VOG AG abgefüllt verlässt. Des Weiteren wird die Garantie abgegeben, dass zur Herstellung von Rapso Rapsöl die Verwendung

---

144 Der Country-of-Origin-Effekt beschreibt die positive Assoziation eines Länderimages oder –stereotyps auf ein in diesem Land hergestelltes Produkt.

145 Carrefour (2007a).

von gentechnisch veränderten Saaten zu 100% ausgeschlossen werden kann.

Die VOG AG hat das Produkt Rapso in allen derzeit belieferten Märkten als Prämiumprodukt positioniert. Dies bedeutet, dass ein relativ hoher Preis für hohe Qualität festgesetzt wird. Wie in Kapitel vier dargestellt, sind ein Großteil der gesundheitsbewussten Konsumenten von Ölen und Fetten in Frankreich an gentechnikfreien Lebensmitteln interessiert und bereit einen Preisaufschlag für diese Produkteigenschaften hinzunehmen. Es wird daher empfohlen diese Strategie auch in Frankreich beizubehalten und durch eine starke Kommunikation der positiven Eigenschaften und speziell der Tatsache, dass Rapso gentechnikfrei ist, in den Köpfen der Konsumenten als Top-Produkt positioniert werden.

Aus einer Beobachtung geht hervor, dass Rapsöl gemeinsam mit Sonnenblumenkernöl derzeit eher in der unteren Preisebene zu finden ist. Hierbei handelt es sich meist um Öle, die unter Handelsmarken vertrieben werden und mittels einer chemischen Extraktion hergestellt wurden. Derzeit sind hauptsächlich native Olivenöle als Prämiumprodukt positioniert. Ein Rapsöl, welches 100% gentechnikfrei und durch ein schonendes Verfahren hergestellt wurde, die enthaltenen Vitamine und die Tatsache, dass es cholesterinfrei ist, bewusst herausstellt, würde sich komplett vom restlichen Angebot abheben und eine Sonderstellung im Sortiment einnehmen.

Der Preis sollte sich an jenen der hochwertigen Konkurrenzprodukte orientieren und etwas darüber liegen, um die Positionierung als Qualitätsprodukt im Premium-Segment der Speiseöle zu unterstreichen. Selbstverständlich sollten hierbei die Produktionskosten und Lieferkosten inklusive einer gewissen Gewinnmarge als Preisuntergrenze angesehen werden. Die Preise für Rapsöle können zwischen EUR 1 und EUR 2,50 für eine 1 Liter Plastikflasche liegen. Native Olivenöle dagegen sind bis zu EUR 10 für eine 0,5 Literflasche anzutreffen. Nussöle oder Traubenkernöle werden in kleineren Flaschengrößen mit nur 0,25 Litern Inhalt und einem Preis zwischen EUR 2 und EUR 3 pro Verpackungseinheit angeboten[146].

5.3 Entscheidungen zur Distributions- und Konditionenpolitik

Die Wahl der Distributionskanäle und –organe ist, speziell bei Marktneueintritten, ein sehr wichtiges Thema und verdient daher besondere Aufmerksamkeit. Unternehmen stehen vor der Entscheidung ihre Produkte vor Ort zu produzieren oder sie aus dem Stammland einzuführen. Im ers-

---

[146] vgl. Carrefour (2007b).

teren Fall kann eine lokale Produktionsstätte errichtet werden oder eine bereits existierende erworben werden. Im zweiten Fall werden die Produkte im Heimatland produziert und entweder mittels direktem Export oder indirektem Export im Zielmarkt abgesetzt. Des Weiteren kann auch auf diverse Absatzmittler zurückgegriffen werden. Da Rapso Rapsöl ein österreichisches Produkt ist, dessen Rohmaterial durch Vertragsbauern, die strikten Qualitätskontrollen unterzogen werden, hergestellt wird, sind alle direkten Investitionen im Zielmarkt ausgeschlossen bzw. nicht anvisierbar. In Folge steht daher entweder der direkte oder indirekte Export als Wahlmöglichkeiten zur Verfügung.

Die VOG verfolgt bisher mehrere Strategien. Einerseits wurden, wie beispielsweise in Ungarn oder Tschechien, lokale Tochtergesellschaften gegründet, welche sich um den Vertrieb mehrerer Produkte des Unternehmens in den jeweiligen Märkten kümmern. Andererseits wurden lokale Partnerunternehmen als exklusive Vertriebspartner für Rapso ausgewählt, die sich speziell um den Vertrieb dieses Produktes bemühen. Diese Strategie wird derzeit in Dänemark, Norwegen und Australien verfolgt[147]. Beide Strategien haben den Vorteil, die Kontakthäufigkeit relativ gering zu halten, da pro Zielmarkt nur ein Kontakt zu pflegen ist anstatt direkt an die diversen Lebensmitteleinzelhändler zu liefern. Ein weiterer Vorteil ist die Marktkenntnis des lokalen Partners, welche bei Gründung einer eigenen Verkaufsniederlassung erst langsam erworben wird und enorm an der Qualität des rekrutierten Personals abhängt. Obwohl die Vorteile überwiegen, besteht ein großer Nachteil, wenn ein lokaler Partner das Exklusivvertriebsrecht erhält. Der Gesamterfolg hängt zu 100% von dessen Tätigkeit und Motivation ab. Es sollte daher unbedingt und explizit im Vertrag darauf hingewiesen werden, dass sich der lokale Partner auf eine Mindestabnahme verpflichtet, was bei Nichteinhaltung zum Verlaust des Exklusivitätsrechtes führen kann.

Für den Vertrieb von Rapso wird der indirekte Export mit zwei Zwischenstufen empfohlen. Die VOG sollte einen lokalen Großhändler, mit guten Kenntnissen des Lebensmitteleinzelhandels und förderlichen Kontakten, als Partner für den Vertrieb von Rapso gewinnen, welcher sich seinerseits darum bemüht, Rapso Rapsöl in den großen Einzelhandelsketten listen zu lassen. Sind jedoch unternehmensintern Ressourcen vorhanden, die die Gründung einer Vertriebstochter in Frankreich erlauben und Erfolg versprechend sind, sollte dieser Strategie der Vorzug eingeräumt werden, da in diesem Fall die Marge des Großhändlers gewonnen wird. Die VOG AG muss jedoch unbedingt, in Übereinstimmung mit der festgelegten Marke-

---

147 vgl. VOG (2007d).

tingstrategie, die Verkaufspreisuntergrenzen festsetzen um die Gefahr einer Preiserosion zu vermeiden. Des Weiteren muss festgelegt werden, dass der Großhändler Rapso nicht an Diskontlebensmittelketten verkaufen darf, da dieser Distributionskanal für ein als Prämiumprodukt positioniertes Speiseöl erstens nicht die richtige Käuferschicht anzieht, und zweitens ein verzerrtes Bild vermitteln würde.

Der Lebensmitteleinzelhandelssektor in Frankreich hat den höchsten Anteil an Hyper- und Supermärkten, die zum Großteil aus nationalen Ketten, welche sich in Familienbesitz befinden, bestehen. Ausländische Supermärkte sind hauptsächlich im Diskontbereich zu finden und sind durch die deutschen Ketten Aldi und Lidl vertreten. Die größte Lebensmitteleinzelhandelskette stellt Carrefour, mit einem Anteil am von 12,2% am Branchenumsatz dar, gefolgt von Leclerc mit 5,3% und Auchan mit 5,2%. Die wichtigsten Distributionskanäle für Lebensmittel werden in folgender Tabelle 8 dargestellt.

	Lebensmitteleinzelhandelskette	Anteil am Branchenumsatz
1	Carrefour France SA	12,2%
2	Leclerc	5,3%
3	Auchan France	5,2%
4	Casino Guichard-Perrachon SA	4,6%
5	Monoprix SA (Groupe)	1,1%
6	Lidl France	0,8%
7	Aldi France	0,4%

Quelle: Euromonitor (2007c).
Tabelle 8: Top Player im französischen Lebensmitteleinzelhandel.

5.4 Kommunikationspolitische Entscheidungen

Bezüglich der Neueinführung der Marke Rapso auf den französischen Mark muss für deren Positionierung genau überlegt werden, welche Informationen kommuniziert werden sollen. In diesem Zusammenhang können die Produkteigenschaften als Basis zur Kommunikation

- des Nutzens des Produktes,
- der von der Marke verkörperten Kultur sowie
- des Images und Ansehens der Marke dienen.

Welche Markenpositionierung gewählt wird, hängt direkt von der definierten Zielgruppe ab, welche in Kapitel vier als jene der gesundheitsbewussten über 60-jährigen Franzosen, mit erhöhtem Cholesterinspiegel und ausreichender Kaufkraft und starkem Interesse an gentechnikfreier Nahrung festgelegt wurde.

Wie bereits in Kapitel zwei erwähnt, eignen sich die Komponenten des Kommunikations-Mix

- Werbung und
- Verkaufsförderung

am besten zur Erreichung der festgesetzten Ziele für die Vermarktung von Konsumgütern. Aus diesem Grund wird sich die Kommunikationspolitik in der vorliegenden Studie auf diese beiden Bestandteile beschränken. Die Werbung kann zum langfristigen Aufbau eines Unternehmensimages, zur langfristigen Entwicklung einer Marke, zur Verbreitung von Informationen über das Angebot oder zur Kommunikation von Sonderverkaufsaktionen eingesetzt werden und wird daher am ausführlichsten behandelt.

5.4.1 Werbekonzept für Rapso

Im Folgenden wird das optimale Werbekonzept zur Erreichung der festgelegten Zielgruppe im französischen Markt für Rapso dargelegt. Hierbei werden zuerst die Werbeziele festgelegt. In Bezug auf diese wird das Budget, welches zur Erreichung dieser Ziele eingesetzt werden soll, bestimmt. Sind diese vordergründigen Entscheidungen getroffen, wird die Werbebotschaft in Bezug auf deren Inhalte, visueller und verbaler Gestaltung determiniert. Des Weiteren müssen die zu verwendenden Werbeträger sowie deren Belegung fixiert werden. Hierbei sind vor allem die Reichweite, die Erreichbarkeit der Zielgruppe, die Frequenz und das Timing wichtig. Anschließend wird über die Methode kommunikativen Werbewirkungs- und Verkaufsmessung bestimmt.

5.4.1.1 Werbeziele

Werbeziele müssen aus den bereits getroffenen Marketing-Mix-Entscheidungen abgeleitet werden und sind je nach Art der Werbung unterschiedlich. Demnach wird das Ziel je nachdem, ob es sich um informierende, einstellungsändernde, vergleichende oder erinnernde Werbung handelt, anders definiert werden. Es wird hier empfohlen das kommunikative Werbeziel global mit dem Bekanntheitsgrad Rapsos in der Zielgruppe nach Ende der Werbekampagne sowie nach einem Jahr der

Markteinführung festzulegen. Bezüglich der Höhe des Bekanntheitsgrades kann auf interne Daten aus vorhergehenden Markteintritten zurückgegriffen werden und diese in Folge als Benchmark veranschlagt werden. Dasselbe gilt für das Verkaufsziel. Es sollte hier ebenfalls auf Erfahrungswerte des Unternehmens zurückgegriffen werden. Generell sollte der zu erwartende Umsatz im ersten Jahr zumindest die Kosten für die große Werbekampagne während der Produkteinführung decken.

5.4.1.2 Werbebudget

Das Werbebudget wird in der Praxis entweder nach der Finanzkraft, dem Umsatz oder nach dem Wettbewerb festgelegt. Generell sollte jeder Ansatz insoweit Finanzierungsmittel zur Verfügung stellen, als die festgesetzten Marketingziele realisiert werden können. Aus diesem Grund erscheint es sinnvoll eine Kombination dieser Ansätze zu entwickeln, die sich an den Zielen orientiert und sowohl die eigene Finanzkraft des Unternehmens, als auch die Werbeausgaben der Mitbewerber in die Kalkulation mit einbezieht. Da es sich in diesem Fall um eine Neueinführung einer Marke auf einem ausländischen Markt handelt, ist es nicht möglich einen Prozentsatz auf den Umsatz aus dem jeweiligen Markt anzuwenden. Aus diesem Grund wird empfohlen einen realistischen Prozentsatz aus dem globalen Werbebudget der VOG AG, welcher aus dem Konzernumsatz abgeleitet wird, für neue Internationalisierungsaktivitäten zu reservieren. Das Werbebudget gruppiert die Ausgaben für die einzelnen Werbeträgerbelegungen sowie die Kosten für die Erstellung der Kampagne, welche durch die dafür verantwortliche Werbeagentur in Rechnung gestellt werden.

5.4.1.3 Werbebotschaft

Kreativität in der Gestaltung der Werbebotschaft kann in größerem Ausmaß zum Erfolg einer Werbekampagne beitragen, als die Höhe des Werbebudgets. Dies lässt sich damit erklären, dass durch eine originelle Umsetzung die Botschaft viel mehr Beachtung findet, als eine weniger gelungene Botschaft, die in höherer Frequenz und in besseren Sendezeiten platziert wird.

Bei der Entwicklung der Werbebotschaft sollte sowohl der Grundnutzen des Produktes als auch der Zusatznutzen, der das Produkt in den Augen der Kunden einzigartig und wünschenswert machen soll, kommuniziert werden. Hierbei können sowohl rationale Aspekte wie Produkteigenschaften, als auch emotionale Botschaften gesendet werden.

Es wird empfohlen für Rapso die rationalen Produkteigenschaften

- gentechnikfrei und
- cholesterinfrei

sowie die emotionale Botschaft eines

- gesundheitsbewussten und
- sich um die Umwelt sorgenden Konsumenten

in den Vordergrund der Botschaft zu stellen. Diese Kombination ermöglicht es eine Unique-Selling-Proposition für Rapso zu belegen, da derzeit noch kein Produkt diese Kombination für sich beansprucht.

Wichtig ist in diesem Zusammenhang ein einheitliches Image zu kreieren, um eine konsistente Botschaft zu kommunizieren. Um dies zu erreichen müssen der Stil, der Ton, die Wortwahl, sowie alle formalen Elemente aufeinander abgestimmt werden[148].

Zur Gestaltung der Werbebotschaft kann auf folgende Techniken und Botschaftstypen zurückgegriffen werden:

- Slice-of-Life-Technik
- Lifestyle-Technik
- Traumwelt
- Stimmungs- und Gefühlsbilder
- Musical-Technik
- Persönlichkeit als Symbolfigur
- Technische Kompetenz
- Wissenschaftlicher Nachweis
- Testimonial-Werbung

Bei der Slice-of-Life-Technik wird eine Gruppe von Anwendern, die vom Produkt überzeugt sind, in einer realitätsnahen Situation des alltäglichen Lebens dargestellt. Ein Beispiel hierfür wäre eine Familie beim Frühstückstisch, die gemeinsam ihre Lieblingsmarmelade aufs Brot streichen oder ein Hundebesitzer, der davon überzeugt ist, dass es seinem Hund auf Grund der guten Hundenahrung fabelhaft geht. Ein Zahnarzt, der über die Qualität einer Zahnpasta Auskunft gibt, kann als Beispiel für wissenschaftliche Nachweise genannt werden. Stehen mehrere Botschaften zur Auswahl, empfiehlt es sich, diese danach zu selektieren, wie wünschens-

---

148 vgl. Kotler et al. (2007): 847ff.

wert, trennscharf und glaubhaft sie sind. Es sollte in diesem Zusammenhang vermieden werden, zu viele Informationen und Appelle in die Botschaften einzubauen, da dies zu einer Abschwächung der Wirkung führt.

Es wird empfohlen die Botschaft in einem TV-Spot mit Hilfe der Slice-of-Life-Technik und dem wissenschaftlichen Nachweis eines Forschers zu realisieren. Dies kann in Form eines durch blühende Rapsfelder schlendernde, gut aussehenden und dynamischen Mitt-50er Paares erfolgen, welches in Folge eine Vinaigrette mit Rapso Rapsöl macht und diese über einen wunderschönen Salat gießt. Anschließend sollte ein Forscher in weißem Kittel gezeigt werden, der darüber informiert, dass Rapso gentechnikfrei ist und zusätzlich noch cholesterinfrei. Für Plakat- oder Printwerbung sollten ebenfalls die natürlichen gelben Rapsfelder, eine Rapso-Flasche und glückliche, gesunde Mitt-50er gezeigt werden. In diesem Fall sollte die Botschaft mit Hilfe des französischen Pendants des Logos „OHNE GENTECHNIK" unterstrichen werden. Es kann davon ausgegangen werden, dass die gelben Felder in der Werbung in weiterer Folge zu einem Wiedererkennungseffekt im Geschäft führt.

Werbebotschaften können entweder standardisiert oder differenziert ausgestaltet werden. Des Weiteren besteht die Möglichkeit den Markennamen und/oder das Markenzeichen gleich zu behalten oder zu verändern. Die Abbildung 28 veranschaulicht die vier Hauptstrategien der Gestaltung der Werbebotschaft im Internationalen Marketing.

Markenname zeichen / Werbebotschaft	Standardisierung	Differenzierung
Standardisierung	**I**	**II**
Differenzierung	**III**	**IV**

Quelle: Eigene Darstellung.
Abbildung 28: Strategien in der internationalen Marketingkommunikation.

Die Standardisierungs- bzw. Differenzierungsdiskussion beschränkt sich in der Kommunikationspolitik meist auf die Werbung. Beide Möglichkeiten bieten sowohl Vor- als auch Nachteile, wobei die wichtigsten in weiterer Folge kurz behandelt werden.

Die beiden am häufigsten genannten Vorteile der Standardisierung in der Fachliteratur sind die Ausnutzung der „Economies of scale"[149], der erhöhten Kostenersparnis durch steigende Mengen der Werbemittel auf Grund von Größenvorteilen, und die Ausnutzung der „Economies of scope"[150], den Synergie- bzw. Verbundvorteilen. Auf die Werbung bezogen sind es Kosteneinsparungen in den Werbebudgets durch Zentralisierung der Entscheidungen und die Ausnutzung von Synergien durch Bündelung des Know-hows, da die Werbekampagne nur einmal entwickelt werden muss. Ein weiterer wichtiger Aspekt ist der Aufbau von einem einheitlichen Marken- und Firmenimage auf der ganzen Welt. Außerdem nutzen internationale Medien Spill-Over Effekte aus, das heißt ein Medium sendet grenzüberschreitend und erreicht somit mehr Menschen[151].

Die Standardisierung birgt auch Nachteile. Es besteht unter anderem die Gefahr, dass die standardisierte Botschaft nicht in allen Ländern so verstanden wird, wie sie verstanden werden soll. Es wird außerdem Informationsverlust in Kauf genommen und somit riskiert, dass sich die Zielgruppe nicht angesprochen fühlt. Um diese negativen Auswirkungen zu verhindern bzw. zu minimieren, muss das Unternehmen die Standardisierbarkeit der Werbegestaltung prüfen.

Um die Standardisierbarkeit der Werbegestaltung prüfen zu können, muss zwischen inhaltlichen und formalen Gestaltungselementen unterschieden werden. Im Zentrum der Überlegungen der inhaltlichen Gestaltungselemente steht die Kernbotschaft. Dabei kann zwischen informativer und emotionaler Werbung unterschieden werden. Mit der informativen Werbung werden dem potentiellen Kunden die sachlichen Eigenschaften (Preis, Design,...) des Produktes näher gebracht. Dagegen steht bei der Werbung mit emotionalen Kernbotschaften die Vermittlung von emotionalen Reizen (Freiheit, Erotik, Abenteuer) im Vordergrund. Zwischen informativer und emotionaler Werbung gibt es fließende Übergänge. Diese gemischte Werbestrategie stellt den größten Teil der Werbung dar und wird auch für Rapso empfohlen.

Bei der formalen Werbemittelgestaltung geht es um die Umsetzung der Kernbotschaft mittels formaler Komponenten wie Sprache, Farbe, Bilder,

---

149 vgl. Went (2000): 156.

150 vgl. Backhaus et al. (2003): 163.

151 vgl. Backhaus et al. (2003): 163, 269.

Musik,...[152]. Die Standardisierbarkeit der formalen Komponenten ist durch soziokulturelle und rechtliche Einflussfaktoren sehr beschränkt. Die Sprache ist eines der problematischsten formalen Gestaltungselemente, da man davon ausgehen kann, dass hier der größte Anpassungsbedarf besteht. Der Konsument muss die Botschaft verstehen. Man muss bei der Übersetzung auf Eigenheiten der jeweiligen Sprachen, wie z.B. unterschiedliche Schriftzeichen und Formate von Annoncen in Printmedien oder die Leserichtung, achten[153]. Für Rapso kann die bereits entwickelte Werbekampagne als Basis für jene dienen, die auf dem französischen Markt angewandt werden soll. Es sollte daher die Farben und Etikettengestaltung gleich behalten, das heißt standardisiert bleiben, jedoch die Sprache und eventuell die Musik in Werbespots angepasst werden, das heißt differenziert werden.

Landesspezifische rechtliche Vorschriften sorgen dafür, dass manche Produkte nicht beworben werden dürfen. In zahlreichen Ländern muss die Werbung für zum Beispiel Zigaretten oder Alkohol, wenn überhaupt erlaubt, Warnhinweise auf die mögliche Gefährdung der Gesundheit enthalten. In der Europäischen Union sind zusätzlich die Größe und die Gestaltung dieser Hinweise vorgeschrieben. Die Gesetze der meisten Staaten verlangen im Allgemeinen, dass die Werbebehauptungen der Wahrheit entsprechen. Bei Verstößen ist häufig mit Strafverfolgung zu rechnen.

Die Differenzierung ist das Gegenteil der Standardisierung und bietet jedem Ländermarkt eine individuelle auf deren Bedürfnisse zugeschnittene Werbekonzeption[154]. Das so genannte „local advertising"[155] zeichnet sich besonders durch die starke Beachtung der länderspezifischen Anforderungen aus, die sich in kulturellen, politischen, ökonomischen und rechtlichen Unterschieden und den verschiedenartigen Medienlandschaften äußern. In der differenzierten Betrachtung kann das internationale Marketing in der Werbekonzeption auf die daraus resultierenden unterschiedlichen Konsumgewohnheiten der Zielgruppe eingehen um negative Werbewirkungen in den einzelnen Ländern auszuschließen.

Zu den Nachteilen der Differenzierung zählt die mögliche Verwirrung der potentiellen Konsumenten, vor allem Touristen oder Geschäftsreisende, durch die Verwendung unterschiedlicher Werbeaussagen oder Farben in verschiedenen Ländern. Für das vorliegende Unternehmen bzw. Produkt ist die Differenzierung nicht zu empfehlen, da die VOG AG beabsichtigt

---

152 vgl. Meffert / Bolz (1998): 197.

153 vgl. Meffert / Bolz (1998): 199.

154 vgl. Went (2000): 147ff.

155 vgl. Bruns (2003): 307.

mittels Export in den französischen Markt einzusteigen und dementsprechend über keine lokale Niederlassung verfügen wird, die den Markt und seine Werbelandschaft kennt. Es kann daher nur ein standardisiertes Grundwerbekonzept mit Beibehaltung der Botschaft, der Farben sowie einer Anpassung der Sprache empfohlen werden.

5.4.1.4 Werbeträgerbelegung

Als nächstes müssen Entscheidungen in Bezug auf die Auswahl der Medien, welche die Werbebotschaft übermitteln sollen, die gewünschte Reichweite, die einzusetzenden Mediengattungen, die Medienwahl, die Werbehäufigkeit und die zeitliche Verteilung getroffen werden. Ob bei der Mediengattungswahl Tageszeitungen, Fernsehen, Anzeigenblätter oder Fachzeitschriften gewählt werden, hängt von der Verfügbarkeit, die Nutzung durch die Zielgruppe, den Kommunikationserfordernissen der Botschaft, sowie den Kosten ab. Auch die Entscheidung über das Timing und die Frequenz der Werbung hängt von den eben genannten Faktoren kritisch ab.

Die Markteinführung von Rapso Rapsöl soll gleichzeitig in den gesamten französischen Markt erfolgen. Aus diesem Grund erscheint die Schaltung von Annoncen in Medien mit einer nationalen Reichweite für sinnvoll. In Agglomerationen mit einer hohen Bevölkerungsdichte, wie z.B.. der Region Ile-de-France oder an der Côte d'Azur können zusätzlich regionale Medien genutzt werden. Obwohl TV Werbespots am kostenintensivsten sind, sollten diese speziell in der ersten Phase der Markteinführung zur Hauptsendezeit in hoher Frequenz gesendet werden. Dies ermöglicht eine intensive Kommunikation um die potenziellen Konsumenten rasch von der Verfügbarkeit dieses neuen Produktes zu informieren. Es bieten sich hierfür die nationalen TV-Sender wie France 1, France 2 et France 6, sowie der Privatsender Canal+ an. Annoncen sind vor allem in Frauenmagazinen, wie beispielsweise Madame, und diversen Gesundheitsmagazinen zu empfehlen, da Frauen meist die Lebensmitteleinkäufe erledigen und somit in erster Linie angesprochen werden sollen.

5.4.1.5 Werbewirkungsmessung

Ob und vor allem wie erfolgreich eine Werbekampagne war, kann erst nach einer nachgehenden Analyse festgestellt werden. Generell werden die kommunikative Wirkung und die Verkaufswirkung gemessen. Die Messkriterien, die zur Beurteilung der Werbewirkung herangezogen werden, richten sich nach der Art der Werbung, sowie der gewählten Form der Botschaft und der Werbekampagne an sich. Die dominierende Methode zur Messung der kommunikativen Wirkung ist die Befragung, welche vor und nach dem Werbeeinsatz erfolgt und mittels derer die Aufmerksamkeitswirkung, die Erinnerungswirkung und eine eventuell handlungsstimulierende Wirkung erhoben werden. Werbeagenturen führen meist Markttests durch. Die Verkaufswirkung erfolgt durch Analyse der Absatzahlen und ist schwerer zu messen als die kommunikative Wirkung, da nicht mit absoluter Sicherheit eine eventuelle Absatzsteigerung auf die Werbung allein zurückgeführt werden kann. Beispielsweise kann eine Erhöhung der Verkaufszahlen ein Effekt auf eine Preiserhöhung eines direkten Konkurrenten sein und somit in keinem direkten Zusammenhang zu einer durchgeführten Werbekampagne stehen.

Da es sich um eine Produktneueinführung handelt, kann die Befragung vor der Werbekampagne ausbleiben, da Rapso vorher noch nicht auf dem französischen Markt verfügbar war und daher völlig unbekannt ist. Es erscheint sinnvoll, nach erfolgter Werbekampagne eine Befragung durchführen zu lassen um deren Effektivität kontrollieren zu können. Die Kontrolle der Verkaufswirkung ist, wie bereits erwähnt, schwierig zu ermitteln. Die Entwicklung kann jedoch mit unternehmensinternen Erfahrungswerten verglichen werden, wenn im Großen und Ganzen dieselben Prämissen vorliegen.

5.4.2 Absatzförderungskonzept für Rapso

Die Absatzförderung dient der kurzfristigen Steigerung des Umsatzes durch Anreize am Point-of-sale. Meistens werden Produktproben an einem Stand im Supermarkt, welcher meist in der Nähe des Regals platziert ist, verteilt. Dies kann besonders oft bei Lebensmitteln wie Käse oder Brot beobachtet werden. Die Kunden des Supermarktes werden vom Repräsentanten des Standes auf das neue Produkt aufmerksam gemacht und erhalten eine Probe. Im Fall, dass der Kunde sowieso ein Produkt aus dieser Produktgruppe kaufen wollte und die Probe Anklang gefunden hat, wird es zu einem Kauf kommen. Dies ist im Falle von Rapso nicht möglich, da niemand vor Ort Speiseöl probieren wird.

Aus diesem Grund empfiehlt sich eine andere Absatzfördernde Maßnahme, nämlich eine sofortige Reduktion von einem gewissen Prozentsatz, beim Kauf von einer oder zwei Flaschen Rapso Speiseöl. Des Weiteren kann eine Rubbellosaktion gestartet werden. Als Gewinn kann entweder eine Reduktion oder sogar eine speziell angefertigte Miniaturflasche Rapso mit 50 Millilitern fungieren. Eine weitere Möglichkeit zur Absatzförderung ist ein Gewinnbon, welcher als Annonce in einem Magazin erscheint und somit gleichzeitig als Werbung dient. Die Firma VOG AG sollte ebenfalls das Internet als Kommunikationsplattform nutzen, indem ein am Point-of-sale ausgeteiltes Rubbellos einen Gewinncode beinhaltet, welcher auf der französischen Internetseite von Rapso zum Ausdruck eines Gutscheines oder eines Reduktionsbons führt, welcher in einem der großen Einzelhandelskaufhäuser eingelöst werden kann. Wenn der Kunde die Internetseite aufruft, wird automatisch mit Informationen über Rapso versorgt.

6 Zusammenfassung

Die vorliegende Studie hatte sich zum Ziel gesetzt, festzustellen, ob der französische Markt für einen eventuellen Markteintritt für Rapso interessant ist und ein dementsprechendes Umsatzpotenzial für den Verkauf von Rapso bietet. Im Laufe dieser Studie konnte bewiesen werden, dass der französische Markt für Öle und Fette für die VOG AG, dem Hersteller des Produktes Rapso, eine nicht zu vernachlässigende Möglichkeit für Wachstum bietet und Rapso in Folge als neues Produkt mittels indirektem Export in den französischen Markt eingeführt werden sollte.

Das erste Kapitel hat die Relevanz der Studie im Detail dargestellt und einen Überblick über Forschungsfragen, die Recherchemethoden, sowie den Aufbau dieser Studie dargestellt. Des Weiteren konnte in diesem Kapitel aufgezeigt werden, dass die französische Öffentlichkeit sensibel in Bezug auf die Gentechnikfrage ist und dieses Thema in großem Ausmaß in den Medien sowie in der Politik Beachtung findet.

Im zweiten Kapitel wurde die theoretische Fundierung des verwendeten Analysedesigns dargestellt und Kernfragen, welche sich bei Produktneueinführungen stellen, beantwortet. In weiterer Folge wurden die einzelnen Etappen zur Entwicklung eines Marketingkonzeptes behandelt. Im Besonderen wurden Entscheidungen bezüglich des Timings, der geographischen Ausbreitung, dem Zielsegment sowie der Art und Weise der Markteinführung gehandelt.

Im ersten Unterpunkt dieses Kapitels wurden die äußeren Einflusskräfte, welche auf das Unternehmen wirken und somit die Marketingstrategie beeinflussen, beschrieben. Hierbei wurde vor allem auf die demographischen, volkswirtschaftlichen, natürlichen, technologischen, politischen und kulturellen Rahmenbedingungen, welche in der Ländermarktanalyse näher erforscht werden, im Detail behandelt.

Im Folgenden wurde das Kaufverhalten von Verbraucher für Konsumgüter im Abschnitt 2.2 betrachtet, wobei speziell erklärt wird, wie Kulturen und Subkulturen, Persönlichkeitsmerkmale sowie Klassenzugehörigkeit das Verhalten der Käufer und deren Kaufentscheidungen beeinflussen. Des Weiteren wurden die Typen und der Ablauf der Kaufentscheidung dargestellt.

Der Abschnitt 2.3 behandelte die Strategien zur Zielmarkterschließung, speziell die Marktsegmentierung auf Konsumgütermärkten. In diesem Zusammenhang wurden Segmentierungsansätze, welche nach Verbrauchermerkmalen und nach Verhaltensmerkmalen vorgehen, besprochen. Hier wurde ebenfalls auf das so genannte Benefit-Segmenting hingewiesen, welches auf Basis von Nutzenvorstellungen den Gesamtmarkt in Teilmärkte gliedert.

Darauf folgend werden die Differenzierung und Positionierung von Konsumgütern in Kapitel 2.4 behandelt, wobei verschiedene Differenzierungsmöglichkeiten sowie deren Kriterien dargestellt wurden. Es wurde hier besonders darauf hingewiesen, dass eine klare Positionierung des Produktes oder des Unternehmens in den Köpfen der Konsumenten stattfindet und aufgrund des verstärkten Wettbewerbes notwendig ist, um Wettbewerbsvorteile generieren zu können. Als wichtigste Kriterien, welche an Eigenschaften, die zur Differenzierung verwendet werden können, wurden die Substantialität, Hervorhebbarkeit, die Überlegenheit, Kommunizierbarkeit, Vorsprungsicherung, Bezahlbarkeit, Gewinnbeitragspotenzial und die Nachhaltigkeit genannt. Bezüglich möglicher Probleme in der Positionierung wurde festgestellt, dass eine unklare oder widersprüchliche Position die größte Gefahr darstellt. Aus diesem Grund ist die Kommunikation eines einheitlichen Ganzen, welches die Kohärenz des Marketing-Konzeptes widerspiegelt, von besonderer Wichtigkeit.

Zur Messung und Vorhersage der Marktgröße und Nachfrage wurden Methoden zur Prognostizierung der Erstkäufe bei Neuprodukten) vorgestellt (siehe Kapitel 2.5). Hierbei wird aufgezeigt, dass im Vorfeld intensive Marktforschung betrieben werden muss, um die notwendigen Elemente zur Berechnung der Marktgröße zur Verfügung zu haben. Im Rahmen dieser Studie konnten Sekundärquellen zur Informationsgewinnung herangezogen werden, da genügend Informationen zum französischen Markt für Öle und Fette vorhanden waren. Die Methode, welche zur Schätzung der Marktnachfrage verwendet wurde, ist jene, die die gesamte Marktnachfrage aus der Anzahl der Käufer am Markt, der durchschnittlich gekauften Menge pro Käufer pro Jahr und dem durchschnittlich erzielten Preis pro Einheit als Rechengrößen verwendet.

In weiterer Folge wurden in Abschnitt 2.6 die einzelnen Komponenten des Marketing-Mix vorgestellt. Hierbei handelt es sich im Speziellen um Entscheidungen, die produktpolitischen Entscheidungen in Bezug auf die Markenstrategie und Verpackung, die preispolitischen Überlegungen, die Distributions- und Konditionenpolitik sowie die Entscheidungen bei der Planung einer integrierten Marketingkommunikation für Verbrauchsgüter betreffen.

Das dritte Kapitel stellt die Unternehmensgruppe VOG AG vor, welches das Produkt Rapso Rapsöl erzeugt, im Detail dar. Als Erstes wurde die Unternehmensentwicklung anhand der Unternehmensgeschichte im Kapitel 3.1 dargelegt. Des Weiteren wurden unter 3.2 die Unternehmensstruktur anhand des Organigramms, die Umsatzentwicklung sowie die Exportentwicklung anhand von Graphiken, die Geschäftsfelder und die Auslandmärkte behandelt. Es hat sich gezeigt, dass die VOG AG ihren Konzernumsatz im Zeitraum von 1985 bis 2005 um 300% steigern konnte, was auf eine Erhöhung der Exportumsätze um 500% von 1994 bis 2005 zurückzuführen ist. Des Weiteren konnte festgestellt werden, dass bereits 13% des Gesamtumsatzes durch Speiseöl, im Besonderen durch den Absatz von Rapso in den Auslandsmärkten, generiert werden. Im Unterpunkt 3.3 wurde das gentechnikfreie Prämiumprodukt Rapso Rapsöl, dessen Produktcharakteristika und sein Herstellverfahren beschrieben. Des Weiteren wurden die bereits betreuten Vertriebsmärkte vorgestellt.

In Kapitel vier wurde der Zielmarkt Frankreich untersucht, um festzustellen, ob dieser Ländermarkt ein Potenzial für einen Markteintritt mittels Export bietet. Im Punkt 4.1 wurde der französische Markt mit Hilfe der PEST – Analyse untersucht. Hierbei wurden nach einem allgemeinen Überblick und einer geographischen Beschreibung die politischen, ökonomischen, sozialkulturellen und technologischen Umfeldbedingungen systematisch betrachtet. Es konnte festgestellt werden, dass Frankreich, wie die meisten Industriestaaten, mit dem Problem der Überalterung konfrontiert ist und versucht dieses durch Immigration teilweise zu lösen. Die Erkenntnis, dass der Anteil der über 60-jährigen kontinuierlich ansteigt, wurde in die Definition der Zielgruppe miteinbezogen.

Der französische Markt für Öle und Fette wurde anschließend im Kapitel 4.2 definiert und beschrieben. Eine genaue Analyse dieses Marktsegmentes hat ergeben, dass die Franzosen gesundheitsbewusster geworden sind und den Konsum von Ölen und Fetten reduzieren. Des Weiteren konnte seit einigen Jahren ein Trend zu funktionellen Nahrungsmitteln erkannt werden, welcher sich in Zukunft noch verstärken wird. Der Anteil des Absatzes von Rapsöl konnte in den letzten Jahren im Teilmarkt der pflanzlichen Speiseöle eine Steigerung um zwei Prozentpunkte verzeichnen, was sich in einer Erhöhung von EUR 5.336.740 entspricht. Anschließend wurde ein Überblick über die Marktteilnehmer und deren Marken gegeben, welche ergaben, dass der Grossteil des Marktes von drei Anbietern dominiert wird.

Das Zielsegment, auf welches die Marketingstrategie fokussieren soll, wurde im Unterpunkt 4.3 beschrieben und als jenes der über 60-jährigen Franzosen mit ausreichend verfügbarer Kaufkraft, die natürliche Nahrungsmittel gentechnisch veränderten vorziehen, die gesundheitsbewusst sind, sich über Cholesterinprobleme Sorgen machen, und daher an funktionalen Lebensmitteln interessiert sind.

In Kapitel fünf wurden die theoretischen Konzepte, welche in Kapitel zwei näher erläutert wurden, zur Anwendung gebracht. Dazu wurden die Erkenntnisse, die aus der Analyse des Marktes für Öle und Fette sowie der Zielsegmentcharakteristika, herangezogen um ein auf dieses optimal zugeschnittenes Marketingkonzept zu entwickeln.

In Punkt 5.1 wurden jene Entscheidungen getroffen, die das Produkt Rapso sowie dessen Positionierung auf dem Markt betreffen. Hierbei wurden speziell die Qualität und die Produkteigenschaften beschrieben, welche als Basis für die Kommunikationsstrategie fungieren sollen und welche es Rapso ermöglichen, im Vergleich zu seinen Konkurrenzprodukten einen Wettbewerbsvorteil zu generieren. Hierfür wichtig ist speziell die Tatsache, dass zur Herstellung garantiert kein gentechnisch verändertes Saatgut verwendet wurde, sowie jene, dass Rapso cholesterinfrei ist. In Folge werden Entscheidungen zur Markenführung und zum Design der Verpackung, insbesondere der Etikettengestaltung in Anbetracht der Sprachbarriere, behandelt. Hierbei wird die Beibehaltung des Etikettendesigns und des Markennamens mit Übersetzung der wesentlichen Informationen auf Vorder- und Rückenetikett empfohlen. Des Weiteren erscheint eine Erklärung, welche in Form eines kleinen Heftchens, welches am Flaschenhals angebracht sein kann, bezüglich der diversen Qualitätskontrollen sowie der Kontrollen, die gentechnikfreies Saatgut sichern, als sinnvoll.

In weiterer Folge wurde in Abschnitt 5.2 die Preisstrategie für Rapso in Frankreich festgelegt. Hierbei wurde die im vorangehenden Kapitel 5.1 dargelegte Produktstrategie mittels einer kohärenten Preisstrategie, nämlich einer Hochpreisstrategie, bekräftigt um die gewählte Positionierung als Prämiumprodukt zu festigen. Es wird an dieser Stelle ein Überblick über die sich derzeit auf dem Markt befindlichen Speiseölprodukte und deren Preise gegeben, an welchen sich der zukünftige Preis für den französischen Markt orientieren sollte.

In Punkt 5.3 wurde jene Vertriebsorganisation dargestellt, die für den Export von Rapso nach Frankreich und dessen Vertrieb vor Ort für das Unternehmen VOG am vorteilhaftesten ist. In diesem Zusammenhang wird eine zweistufige indirekte Distribution empfohlen, die sich entweder eines lokalen Großhändlers oder einer eigenen Vertriebstochter bedient. Anschließend wird ein Überblick über die Struktur der französischen Distribution und den größten Akteuren im Lebensmitteleinzelhandel gegeben.

Darauf folgend wurde in Kapitel 5.4 der Kommunikations-Mix, der sich auf die Instrumente Werbung und Absatzförderung beschränkt, dargelegt. In diesem Zusammenhang wurde ein Werbeprogramm erstellt. Es wird empfohlen, dass sich die VOG AG beim festzusetzendem Werbeziel an unternehmensinternen Erfahrungswerten, welchen aus früheren Markteinführungen des Produktes Rapso gewonnen werden konnten. Dasselbe gilt für das Werbebudget, welches sich an den Werbeausgaben der Konkurrenz, der unternehmensinternen Finanzkraft sowie dem Ziel, eine erfolgreiche Produktneueinführung zu erreichen, orientieren soll. Bezüglich der Werbebotschaft wird empfohlen für Rapso die rationalen Produkteigenschaften gentechnikfrei und cholesterinfrei, sowie die emotionale Botschaft eines gesundheitsbewussten und sich um die Umwelt sorgenden Konsumenten, zu kommunizieren. Des Weiteren wurde die Gestaltung der Werbung mit Hilfe der Silce-of-Life-Technik und der Erbringung eines wissenschaftlichen Nachweises als positiv eingeschätzt. Als besonders wichtig wurde betont, dass für den Erfolg ein einheitliches Image verbreitet werden sollte. Dazu wurde eine großteils standardisierte Werbebotschaft, was Farben und Design betrifft empfohlen, die in Bezug auf die Sprache und eventuell Musik eine Differenzierung aufweist. Als Werbeträger werden vor allem in der ersten Phase der Produkteinführung nationale Medien wie staatlichen Fernsehsender oder national ausgestrahlte Privatsender für TV-Werbespots empfohlen. Des Weiteren wurden Annoncen in nationalen Frauen –oder Gesundheitsmagazinen als Werbeplattform genannt. Die Werbewirkungsmessung sollte nach erfolgter Werbekampagne oder nach einem festgelegten Zeitraum danach, mittels Befragung erfolgen.

Anschließend wurden Ideen zur Absatzförderung präsentiert, welche beispielsweise als sofortige Reduktion von einem gewissen Prozentsatz beim Kauf von einer oder zwei Flaschen Rapso Speiseöl oder als Rubbellosaktion erfolgen kann. Produktproben am Point-of-Sale wurden als ungeeignet erachtet, da davon ausgegangen wurde, dass die wenigsten Konsumenten Speiseöl probieren möchten.

Als Conclusio kann gesagt werden, dass der französische Markt für Rapso eine große Internationalisierungschance bietet und die VOG AG diesem Markt in seiner weiteren Unternehmensentwicklung eine besondere Bedeutung beimessen sollte. Rapso ist ein Produkt, welches dem aktuellen Zeitgeist in Frankreich entspricht und sich daher ein Markteintritt in naher Zukunft als besonders positiv auf das Unternehmenswachstum auswirken sollte.

Literaturverzeichnis

Agence Bio (2005): Marché alimentaire bio en France : une croissance de près de 10% par an. http://www.agencebio.org/actualites.asp?PK_actualite=38&Fk_categorie=1. 23. April 2007.

Agrisalon (2006): Marché alimentaire bio en France, près de 10% de croissance par an". www.agrisalon.com/06-actu/article-17643.php. 19. April 2007.

Alashban, A. A., et al. (2002): International Brand-Name Standardization/Adaptation: Antecedents and Consequences. In: Journal of International Market*ing* 10/3, 22-48.

Ammann, P. (2000): „Partner im Distributionssystem". In: Pepels, W. (Hg.): Lehrbuchreihe Examenswissen Marketing – Distributions- und Verkaufspolitik. Band 5, Fortis Verlag, Köln, 30-45.

Arthaut, R. et al. (2005): La consommation soutient toujours la croissance en 2005. In: Insee Première, 1096. August 2006.

Auswärtiges Amt Deutschland (2007): Frankreich Innenpolitik. http://www.auswaertiges-amt.de/diplo/de/Laenderinformationen/Frankreich/Innenpolitik.html. 25. März 2007.

Backhaus, K. / Voeth, M (2003): Industriegütermarketing. 7. Auflage, Vahlen, München.

Backhaus et al (2003): Internationales Marketing, 5. Auflage, Stuttgart.

Becker, J. (2006): Marketing-Konzeption. Grundlagen des ziel-strategischen und operativen Marketing-Managements. 8. Auflage, Vahlen, München.

Berekoven et al. (2002): Marktforschung. Methoden und praktische Anwendung. 9. Auflage, Gabler, Wiesbaden.

Biotechnologies (2005): Nouveaux essais d'OGM en champ autorisés en France. In: Le Monde, 24. Mai 2006.

Bohacek, H. (2005): Perspektive des Konsument/innen/schutzes. In: Bundesministerium für Gesundheit und Frauen: Gentechnik gehört aufs Etikett. Forschungsberichte der Sektion IV, 3/2005, Wien.

Borrel, C. (2006): Enquêtes annuelles de recensement 2004 et 2005. Insee Première 1098. August 2006. Paris.

Brockhaus Online (2007): Definition von functional. http://lexika.tanto.de/artikel.php?TANTO_SID=af8b0273721a559f2a50b44798f106ca&TANTO_KID=wu_wien&TANTO_AGR=41197&shortname=b24&artikel_id=8004605. 25. Mai 2007.

Bruns, J. (2003): Internationales Marketing, 3. Auflage, Ludwigshafen.

Carrefour (2007a): Eigene Beobachtung der Etiketten auf den verschiedensten Speiseölen im Supermarkt Carrefour in Saint Brice sous Forêt. 3. September 2007.

Carrefour (2007b): Preise für diverse Speiseöle. http://www1.carrefour.fr/marques Carrefour/recherche.do?subAction=rechercheLibre&PAGE=1&ID=huile. 5. November 2007.

Chimelli, R. (2007): Der neue Präsident Frankreichs – Sarkozy, der Sieger. http://www.sueddeutsche.de/ausland/artikel/30/112917. 17. Juli 2007.

Charbonnier, E. / Hugonnier, B. (2006): Regards sur l'éducation 2006. Division de l'Analyse et des Indicateurs, Direction de l'éducation de l'OCDE, 1-12. www.oecd.org/dataoecd/51/25/37392770.pdf. 26. April 2007.

Czinkota, M. R. / Ronkainen, I. A. (2001): International Marketing. 6. Auflage, Hartcourt College Publishers, Fort Worth.

Datamonitor (2004): Smirnoff and Baileys Case Studies – Gender-Specific Brand Positioning, August.

Dupont, G. (2007): Un débat ravivé par la compagne électorale. In: Le Monde online. http://www.lemonde.fr/cgi-bin/ACHATS/acheter.cgi?offre=ARCHIVES&type_item=ART_ARCH_30J&objet_id=978945. 2. März 2007.

Economist (2007): Country Briefings: Factsheet France. http://www.economist.com/countries/France/profile.cfm?folder=Profile-FactSheet. 26. April 2007.

Elysee (2007a): Les symbols de la république. Le drapeau français. http://www.elysee.fr/elysee/elysee.fr/francais/les_symboles_de_la_republique/le_drapeau_francais/le_drapeau_francais.21111.html. 24. April 2007.

Elysee (2007b): Election du président de la république. http://www.elysee.fr/elysee/elysee.fr/francais/les_institutions/l_election_du_president/l_election_du_president_de_la_republique.22469.html. 24. April 2007.

Euromonitor (2007a): Oils and Fats – France – Sector Data. www.gmid.euromonitor.com/Reports.aspx. 24. Mai 2007.

Euromonitor (2007b): Consumer Expenditures on Oils and Fat in France. http://www.gmid.euromonitor.com/HitList.aspx#src1. 24. Mai 2007.

Euromonitor (2007c): Retailing France – Leading Retailers. . http://www.gmid.euromonitor.com. 5. November 2007.

Europäische Union (2007): Die EU im Überblick – Landkarten. http://europa.eu/abc/european_countries/eu_members/france/index_de.htm. 20. März 2007.

Feldstein, M. (2006): „Immigration is no way to fund an ageing population". In: Financial Times. 13. Dezember 2006.

Francophonie (2007): Internationale Organisation der frankophonen Länder. http://www.francophonie.org/. 24. April 2007.

Französisches Außenministerium (2007a): Allgemeinheiten zu Frankreich. http://www.diplomatie.gouv.fr/de/frankreich_3/frankreich-entdecken_244/frankreich-im-uberblick_246/allgemeinheiten_117.html. 23. April 2007.

Französisches Außenministerium (2007b): Die Arbeitsmarktpolitik in Frankreich. http://www.diplomatie.gouv.fr/de/frankreich_3/frankreich-entdecken_244/portrat-frankreichs_247/die-wirtschaft_256/die-arbeitsmarktpolitik-in-frankreich_86.html. 24. April 2007.

Französisches Außenministerium (2007c): Die großen Wirtschaftssektoren in Frankreich. http://www.diplomatie.gouv.fr/de/frankreich_3/frankreich-entdecken_244/portrat-frankreichs_247/die-wirtschaft_256/die-arbeitsmarktpolitik-in-frankreich_86.html. 24. April 2007.

Französisches Außenministerium (2007d): Wirtschaft. http://www.diplomatie.gouv.fr/de/frankreich_3/frankreich-entdecken_244/portrat-frankreichs_247/die-wirtschaft_256/die-groben-wirtschaftssektoren_84.html. 3. Mai 2007.

Französische Botschaft (2007): Allgemeine Informationen zu Frankreich. http://www.ambafrance-at.org/article.php3?id_article=841, 15. März 2007.

Global2000 (2006): Marsch gegen Gentechnik voller Erfolg. http://www.global2000.at/pages/anti-gentech-marsch.htm. 28. Mai 2006.

Greenpeace (2007a): Un million d'Européens demandent l'étiquetage des produits alimentaires fabriqués à partir d'animaux nourris aux OGM. http://www.greenpeace.org/france/news/OGM-petition-pour-etiquetage-alimentation-animale. 5. Feber 2007.

Greenpeace (2007b): Gentechnik-Detektiv werden. http://www.greenpeace.fr/detectivesOGM/inscription.php. 19. März 2007.

Guihard, V. / Lesdos, C. (2007): L'agriculture sur trente ans : une analyse comparative avec l'industrie et les services. Insee – L'agriculture – nouveaux défis. 01/2007. Paris.

Hervieau-Léger, D. (2001): Analyses et réflexions. L'état des religions en France. 1-4. http://www.ambafrance-us.org/fr/aaz/pdf/religion.pdf. 24. April 2007.

Höpfner, M. (2001): Wie find ich das?. In: Die Zeit, 2001/14, 1-2. http://www.zeit.de/archiv/2001/14/200114_wie_find___aufma.xml. 25. November 2005.

Hofer, M. (2007): Misstrauen bei Nahrung nimmt zu. www.derstandard.at. 31. März 2007.

Hucho, F. et al. (2005): Gentechnologiebericht – Analyse einer Hochtechnologie in Deutschland (Kurzfassung). Berlin-Brandenburgische Akademie der Wissenschaften, Berlin.

INSEE (2004): Structure des dépenses selon le revenu du ménage (par unité de consommation). http://www.insee.fr/fr/ffc/chifcle_fiche.asp?ref_id=NATSOS05108&tab_id=80. 3. Mai 2007.

INSEE (2006a): Entwicklung des Bruttoinlandproduktes 1979 – 2005. http://www.insee.fr/fr/ffc/figure/NATTEF08112.XLS. 25. April 2007.

INSEE (2006b): Salaire net annuel moyen selon le sexe et la catégorie socioprofessionnelle dans le secteur privé et semi-public. 3. Mai 2007.

INSEE (2006c): Les salaires dans les régions. http://www.insee.fr/fr/ffc/chifcle_fiche.asp?ref_id=CMRSEF04124&tab_id=509. 3. Mai 2007.

INSEE (2007a): Population par groupe d'âge. http://www.insee.fr/fr/ffc/figure/NATTEF02107.XLS. 25. April 2007.

INSEE (2007b): Les comptes de la Nation en 2005: Dynamisme de la consommation et de l'investissement, ralentissement de la consommation publique. http://www.insee.fr/fr/indicateur/cnat_annu/base_2000/principaux_resultats/accueil.htm. 4. Mai 2007.

Judt, E. / Aigner, B. (2004): Was heißt „USP". In: Bank und Markt + Technik. April, 44.

Kikoski, J.F. (1993): Effective Communication in the Intranational Workplace: Models for Public Sector Managers and Theorists. In: Public Administration Quarterly, Spring93, 17/1, 84-95.

Kotler, P. et al. (2007a): Grundlagen des Marketing. 4. Auflage, Pearson Education, München.

Kotler, P. et al. (2007b): Marketing-Management. Strategien für wertschaffendes Handeln. 12. Auflage, Pearson Education, München.

Le Monde (2007a): Parrainages: Gérard Schivardi annonce avoir déposé ses 500 signatures. http://www.lemonde.fr/web/recherche_breve/1,13-0,37-980013,0.html. 11. März 2007.

LeMonde (2007b): Election présidentielle 2007 – 8. Environnement. Le programme des candidats. Jose Bové. http://www.lemonde.fr/web/recherche_breve/1,13-0,37-982573,0.html. 23. April 2007.

Lesieur Alimentaire SA (2007): De l'huile aux huiles. http://www.prodimarques.com/sagas_marques/lesieur/lesieur.php. 24. Mai 2007.

Lesieur Alimentaire SA (2007a): Nos produits. http://www.lesieur.fr/client/index.aspx?Composant=Article&Methode=ClientFDetail&ref=A2-Accueil. 25. Mai 2007.

Libération (2007): Transkription des Duells Sarkozy – Royal. http://www.liberation.fr/actualite/politiques/elections2007/251273.FR.php. 3. Mai 2007.

Meffert, H. (2000): Marketing. Grundlagen marktorientierter Unternehmensführung. Konzepte – Instrumente – Praxisbeispiele. 8. Auflage, Gabler, Wiesbaden.

Meffert, H. / Bolz, J. (1998): Internationales Marketing-Management, 3. Auflage, Stuttgart.

Meyers-Levy, J. (1989): The Influence of a Brand Name's Association Set Size and Word Frequency on Brand Memory. In: Journal of Consumer Research. Sept. 16/2, 197-207.

Ministère Education Nationale Enseignement Supérieur Recherche (2006): Dépenses de recherche et développement en France en 2004 Premières estimations pour 2005. Les notes Recherche n° 06. http://www.education.gouv.fr/cid2692/depenses-de-recherche-et-developpement-en-france-en-2004.html. 25. April 2007.

Moravec, M. (2005): Niederlage der EU. In: Der Standard. 12. Mai 2006.

Müller, W. (2006): Leben mit der Gentechnik. www.derstandard.at. 20. Dezember 2006.

Neubauer, K. (2005): Gentechnisch veränderte Lebensmittel und Futtermittel – Zulassung und Kennzeichnung. In: Bundesministerium für Gesundheit und Frauen: Gentechnik gehört aufs Etikett. Forschungsberichte der Sektion IV, 3/2005, Wien.

Presse (2007): Deutschland: Bioprodukte werden knapp. In: Die Presse online. http://www.diepresse.at/home/wirtschaft/economist/57769/index.do. 4. Jänner 2007.

Richet-Mastain, L. (2007): Bilan démographique 2006 : un excédent naturel record. Insee Première n° 1118. Division Enquêtes et études démographiques. Insee. Jänner 2007.

Robert-Bobée, I. (2006): Projections de population pour la France métropolitaine à l'horizon 2050 - La population continue de croître et le vieillissement se poursuit. Insee Première n° 1089. http://www.insee.fr/fr/ffc/ficdoc_frame.asp?ref_id=ip1089. 25. April 2007.

Robertson, B. (2005): Ten Rules Of Product Positioning. In: Medical Marketing & Media, May, 40/5, 52-58.

Senioractu (2007): Cholesterol: Plus d'un tiers des Français se disent préoccupés. http://www.senioractu.com/Cholesterol-plus-d-un-tiers-des-Francais-se-disent-preoccupes_a6661.html. 7. September 2007.

Sophia Antipolis (2007): Fondation Sophia Antipolis. Animation scientifique et entrepeneuriale. http://www.sophia-antipolis.org/fsa/animation/index.htm. 25. April 2007.

Springer, R. (2003): Internationales Marketing – Aufgaben und Methoden im Außenhandelsmanagement. 6. Auflage, Facultas, Wien.

Statistisches Bundesamt (2006): Länderprofil Frankreich. 1-6.

Tagesspiegel (2007): EU-Wirtschaftsmacht Frankreich droht Deutschland zu übertrumpfen. http://www.tagesspiegel.de/wirtschaft/nachrichten/eu-wirtschafts-macht/92761.asp. 19. Feber 2007.

Thornhill, J. (2007): „Not working: Why France may find its social model exacts too high a price". In: Financial Times. 16. April 2007.

Trout, J. / Ries A. (1993): The Name Game. In: Sales and Marketing Management, Dez. 145/15, 37.

VOG AG (2006): 1919 – 2006: 90 Jahre VOG im Dienste des Handels, Linz, 1-20.

VOG (2007a): Ernährungsphysiologische Beurteilung von Rapsöl und Speiseölpressverfahren. http://vog.at/neuigkei.htm. 2. März 2007.

VOG (2007b): Vergleich von Speisefetten. http://vog.at/ernaehru.htm. 2. März 2007.

VOG (2007c): Gentechnik und Rapso. http://vog.at/gentechn.htm. 2. März 2007.

VOG (2007d): Rapso im Ausland - Bezugsquellen. http://vog.at/bezugsqu.htm. 2. März 2007.

VOG (2007e): Informationen zu Rapso. http://vog.at/Rapso.htm. 2. März 2007.

VOG (2007f): Verpackung von Rapso. http://vog.at/umwelt.htm. 2. März 2007.

Weingärtner, D. (2007): Eine Million Stimmen gegen Gentechnik. In: TAZ online. http://www.taz.de/pt/2007/02/06/a0111.1/text. 6. Februar 2007.

Weltbank (2007): World Development Indicators database. http://siteresources.

worldbank.org/DATASTATISTICS/Resources/GDP.pdf. 23. April 2007.

Went, T. (2000): Vereinheitlichung der Werbung im Rahmen der internationalen Marktbearbeitung, Frankfurt am Main.

WKO (2006): Länderprofil Frankreich. http://wko.at/awo/publikation/laenderprofil/lp_FR.pdf. 10. März 2007.